【现代种植业实用技术系列】

食用豆优质高效栽培技术

主　　编　周　斌
副 主 编　张　强　乔利利
编写人员　周　斌　张　强　叶卫军　乔利利
　　　　　吴泽江　田东丰　胡业功　余弟峰
　　　　　章守富　徐为领　祝尊友

时代出版传媒股份有限公司
安徽科学技术出版社

图书在版编目(CIP)数据

食用豆优质高效栽培技术 / 周斌主编. --合肥:安徽科学技术出版社,2024.1
助力乡村振兴出版计划. 现代种植业实用技术系列
ISBN 978-7-5337-8846-9

Ⅰ.①食… Ⅱ.①周… Ⅲ.①豆类作物-栽培技术 Ⅳ.①S52

中国国家版本馆 CIP 数据核字(2023)第 215308 号

食用豆优质高效栽培技术 主编 周 斌

出 版 人:王筱文 选题策划:丁凌云 蒋贤骏 王筱文
责任编辑:张 扬 李志成 责任校对:程 苗
责任印制:梁东兵 装帧设计:王 艳
出版发行:安徽科学技术出版社 http://www.ahstp.net
(合肥市政务文化新区翡翠路 1118 号出版传媒广场,邮编:230071)
电话:(0551)63533330
印 制:安徽联众印刷有限公司 电话:(0551)65661327
(如发现印装质量问题,影响阅读,请与印刷厂商联系调换)

开本:720×1010 1/16 印张:9 字数:113 千
版次:2024 年 1 月第 1 版 印次:2024 年 1 月第 1 次印刷

ISBN 978-7-5337-8846-9 定价:39.00 元

【现代种植业实用技术系列】

（本系列主要由安徽省农业科学院组织编写）

总主编：徐义流

副总主编：李泽福　杨前进　鲍立新

出版说明

“助力乡村振兴出版计划”(以下简称“本计划”)以习近平新时代中国特色社会主义思想为指导,是在全国脱贫攻坚目标任务完成并向全面推进乡村振兴转进的重要历史时刻,由中共安徽省委宣传部主持实施的一项重点出版项目。

本计划以服务乡村振兴事业为出版定位,围绕乡村产业振兴、人才振兴、文化振兴、生态振兴和组织振兴展开,由《现代种植业实用技术》《现代养殖业实用技术》《新型农民职业技能提升》《现代农业科技与管理》《现代乡村社会治理》五个子系列组成,主要内容涵盖特色养殖业和疾病防控技术、特色种植业及病虫害绿色防控技术、集体经济发展、休闲农业和乡村旅游融合发展、新型农业经营主体培育、农村环境生态化治理、农村基层党建等。选题组织力求满足乡村振兴实务需求,编写内容努力做到通俗易懂。

本计划的呈现形式是以图书为主的融媒体出版物。图书的主要读者对象是新型农民、县乡村基层干部、“三农”工作者。为扩大传播面、提高传播效率,与图书出版同步,配套制作了部分精品音视频,在每册图书封底放置二维码,供扫码使用,以适应广大农民朋友的移动阅读需求。

本计划的编写和出版,代表了当前农业科研成果转化和普及的新进展,凝聚了乡村社会治理研究者和实务者的集体智慧,在此谨向有关单位和个人致以衷心的感谢!

虽然我们始终秉持高水平策划、高质量编写的精品出版理念,但因水平所限仍会有诸多不足和错漏之处,敬请广大读者提出宝贵意见和建议,以便修订再版时改正。

本册编写说明

食用豆是除大豆、花生之外豆类作物的统称，高蛋白、低脂肪，属粮菜兼用、药食同源作物，是人类理想的营养保健食品，在人类营养平衡中起到重要作用。食用豆类是当今人类栽培的三大类食用作物（禾谷类、食用豆类及薯类）之一，在农业生产和人民生活中占有重要地位。

食用豆具有生育期短、播种适期长、适应性广、耐逆性强、固氮养地等特点，是粮豆轮作、间套作的良好作物。其中，绿豆属热季豆，适播期长，可春播、夏播和秋播；蚕豆、豌豆属冷季豆，可冬播或早春播种。播期不同，其种植技术也有所差异。

本书在总结近年来国家食用豆产业技术体系研究成果和生产实践的基础上，分系统介绍了适宜绿豆、豌豆、蚕豆三个豆种的优质高效栽培技术及病虫草害综合防治技术，注重科普性、实用性、可操作性，可供种植户因地制宜、因时制宜选择参考，种好食用豆，提高种植效益。

本书在编写和出版过程中，得到了国家食用豆产业技术体系相关岗站专家的大力支持，在此谨表感谢！

目　录

第一章　概　述

第一节　食用豆

食用豆属于豆科蝶形花亚科，是指以食用籽粒为主，包括食用其干、鲜籽粒和嫩荚为主的各种豆科植物，多为一年生或越年生。我国所说的食用豆类是除大豆和花生以外的各种小宗豆类的总称。目前栽培的食用豆主要有15个属26个种，是当今人类栽培的三大类食用作物（禾谷类、食用豆类及薯类）之一，在农业生产和人民生活中占有重要地位。

“三餐可以无肉，一日不可无豆。”食用豆，高蛋白、低脂肪，富含维生素、矿物质及多种生理活性物质，具有清热解暑、消炎解毒、保肝明目、补气血、降血脂、调血糖、抗氧化、防癌变等多种保健功能，属粮菜兼用、药食同源作物，是人类理想的营养保健食品，经常食用有助于改善人体健康和营养状况。食用豆在人类营养平衡中起着重要作用，《中国居民膳食指南（2022）》建议每人每天应摄入50 ~ 150克杂豆。

我国栽培的食用豆类有蚕豆、豌豆、小扁豆、鹰嘴豆、豇豆、绿豆、小豆、饭豆、黑吉豆、普通菜豆、多花菜豆、利马豆、扁豆、四棱豆、黎豆、刀豆、木豆等17个豆种，在植物分类上隶属于11个属（表1–1）。

表 1-1　我国栽培的食用豆种类

序号	属名	豆种
1	蚕豆属(*Vicia*)	蚕豆
2	豌豆属(*Pisum*)	豌豆
3	小扁豆属(*Lens*)	小扁豆
4	鹰嘴豆属(*Cicer*)	鹰嘴豆
5	豇豆属(*Vigna*)	豇豆、绿豆、小豆、饭豆、黑吉豆
6	菜豆属(*Phaseolus*)	普通菜豆、多花菜豆、利马豆
7	扁豆属(*Dolichos*)	扁豆
8	四棱豆属(*Psophocarpus*)	四棱豆
9	黎豆属(*Mucuna*)	黎豆
10	刀豆属(*Canavalia*)	刀豆
11	木豆属(*Cajanus*)	木豆

根据出苗时子叶节伸长状况，食用豆可分为子叶出土(绿豆、普通菜豆、豇豆、利马豆、扁豆等)、子叶不出土(蚕豆、豌豆、小豆、饭豆、小扁豆、鹰嘴豆、多花菜豆、木豆、四棱豆等)两种类型；根据生长季节，食用豆可分为冷季豆类(蚕豆、豌豆、鹰嘴豆、小扁豆等)、暖季豆类(普通菜豆、多花菜豆、利马豆、扁豆)和热季豆类(绿豆、小豆、豇豆、饭豆、黑吉豆、木豆、四棱豆等)三种类型；根据光周期反应，食用豆可分为长日性食用豆类(冷季豆类)、短日性食用豆类(暖季豆类和热季豆类)两种类型。

第二节　我国食用豆生产

一、食用豆在我国国民经济发展中的重要地位

食用豆营养丰富，是人类和畜禽主要的植物蛋白质来源，与其根系共生的根瘤菌能固定空气中的氮素进而培肥土壤，因此被誉为养人、养

畜、养地的“三养”作物，在人民生活和国民经济发展中占有重要地位。我国是世界上拥有食用豆种类最多的国家，其中原产于中国的绿豆和小豆的种植面积、总产量和出口量均居世界首位，蚕豆、豌豆的产量分别约占世界总产量的40%、13%。我国食用豆类种植遍及全国各省（自治区、直辖市），其主要产区集中在东北、西北、华北和西南等生态条件较差的山区丘陵地带。由于特殊的地理位置、环境等，我国生产的食用豆类质量上乘，且无污染、无农药残留，在国际市场上久享盛誉，具有较强的价格优势，是当地农民重要的经济来源和经济欠发达地区农民脱贫致富的首选作物。

我国食用豆种类繁多、分布广泛、特性各异，在长期的栽培驯化过程中形成了对某种生态环境的特殊适应能力。例如，蚕豆、豌豆适宜高寒地区与非豆科作物轮作倒茬及南方冬季稻茬填闲种植，鹰嘴豆适宜特干旱贫瘠土壤冷季栽培，绿豆、小豆、普通菜豆、豇豆、利马豆等适宜温带和暖温带夏季与非豆科作物轮作倒茬或间作套种，四棱豆等适宜热带夏季与非豆科作物轮作倒茬或间作套种，木豆适宜长江流域及南方各省份荒山荒坡地区与其他热带作物轮作倒茬或间作套种等。因此，食用豆类被视为与非豆科作物倒茬轮作、填闲复种、间作套（混）种等的最佳组合，是当前农业种植结构调整和培肥地力的理想作物。

二 我国食用豆产业发展概况

食用豆固氮、耐瘠薄，生育期短、播种适期长、适应性强，对农业生态培育和保护作用明显，是禾谷类、薯类等作物间作套种的理想作物和良好前茬作物，在促进农业提质增效，实现稳粮增收和种养结合、农业可持续发展中有着不可或缺的重要作用。20世纪五六十年代我国食用豆种植面积约为570万公顷，总产量在350万吨左右，单产在600千克/公顷左右；20世纪70年代，由于主要粮食作物的大力发展，食用豆种植面积逐渐减少到320万公顷，但单产却提高到880～990千克/公顷，总产量在400万吨左右；20世纪80年代，种植面积逐年持续减少，单产仍不断上升，尤其是80年代后期，种植面积约为260万公顷，但新品种的引进与培育使单产显著提高，达到1 100千克/公顷。20世纪90年代以后到21世纪初，随着我国农业种植结构调整和人们对健康营养的需求，食用豆生产逐渐恢复发展。据不完全统计，2002年我国食用豆播种面积、总产量分别达382万公顷、590万吨，单产为1 544.5千克/公顷；2004年播种面积约为321万公顷，总产量为588.2万吨，播种面积占豆类总种植面积的26%，总产量占豆类总产量的25%。

2008年国家食用豆产业技术体系建设正式启动，有力地推动了我国食用豆产业的快速发展（表1–2）。据统计，2010—2017年我国主要食用豆干籽粒种植面积年平均约为332万公顷，年平均总产量为502万吨，约占全国粮食作物总产量的1.1%。种植面积较大的地区有内蒙古、黑龙江、云南、四川、吉林、山西、贵州、甘肃、河北、江苏、河南等。

表1–2　2009—2018年我国食用豆生产情况

年份	干籽粒面积/万公顷	干籽粒总产量/万吨	干籽粒单产/（千克/公顷）	鲜食面积/万公顷	鲜食总产量/万吨	鲜食单产/（千克/公顷）
2009	300.0	405	1 350.0	129.8	1 040.1	8 013.1
2010	280.0	400	1 428.6	135.9	1 081.4	7 957.3
2011	346.7	497	1 433.5	140.5	1 120.6	7 975.8
2012	333.3	450	1 350.1	140.4	1 139.1	8 113.2
2013	333.3	500	1 500.2	140.4	1 149.0	8 183.8
2014	346.7	560	1 615.2	143.9	1 161.0	8 068.1
2015	337.0	530	1 572.7	158.3	1 274.9	8 053.7
2016	337.0	530	1 572.7	165.3	1 342.5	8 121.6
2017	344.0	548	1 593.0	170.4	1 385.8	8 132.6
2018	345.2	550	1 593.3	175.4	1 427.4	8 138.0

三　我国食用豆种植区域

我国食用豆分布地域辽阔，有植物生长的地方几乎都有食用豆栽培，但不同地区栽培的食用豆种类有所不同。

1.根据生态区域分为六大产区

(1)东北产区：以普通菜豆、绿豆、小豆、豇豆、豌豆为主，其中普通菜豆主要分布在黑龙江，绿豆、小豆主要分布在辽宁、吉林、黑龙江等，豇豆主要分布在辽宁及吉林西部、内蒙古东部等地，豌豆主要分布在辽宁。

(2)华北产区：以绿豆、小豆、普通菜豆、豌豆、蚕豆、豇豆为主，主要分布在河北、山西、内蒙古等。

(3)华东产区：以绿豆、蚕豆、豌豆为主，其中绿豆主要分布在江苏、安徽、山东等，蚕豆、豌豆主要分布在江苏、浙江、安徽、江西等。

(4)中南产区：以绿豆、蚕豆、豌豆、豇豆为主，其中绿豆主要分布在河南、湖北等，蚕豆主要分布在湖北、湖南等，豌豆主要分布在湖北等，豇豆主要分布在河南等。

(5)西南产区：以蚕豆、豌豆、普通菜豆为主，其产区主要在重庆、四川、贵州、云南等。

(6)西北产区：以蚕豆、豌豆、绿豆、普通菜豆、小豆、豇豆为主，其中蚕豆主要分布在甘肃、青海、新疆等，豌豆主要分布在陕西、甘肃、青海、宁夏等，绿豆、小豆、豇豆主要分布在陕西等，普通菜豆主要分布在陕西、新疆等。

2.按照豆种分为六大食用豆产区

按照豆种，我国食用豆种植区域可分为绿豆、小豆、豌豆、蚕豆、普通菜豆、豇豆六大主要食用豆产区。

(1)绿豆产区主要分布在河北、山西、内蒙古、辽宁、吉林、黑龙江、安徽、山东、河南、陕西等。

(2)小豆产区主要分布在河北、山西、内蒙古、辽宁、吉林、黑龙江、陕西等。

(3)蚕豆产区主要分布在河北、内蒙古、江苏、浙江、湖北、重庆、四川、贵州、云南、甘肃、青海等。

(4)豌豆产区主要分布在河北、山西、内蒙古、辽宁、江苏、浙江、山东、湖北、重庆、四川、贵州、云南、陕西、甘肃、青海、宁夏等。

(5)普通菜豆产区主要分布在河北、山西、内蒙古、黑龙江、四川、贵州、云南、陕西、新疆等。

(6)豇豆产区主要分布在河北、山西、内蒙古、辽宁、吉林、江苏、河南、陕西等。

3.我国食用豆优势产区

1)绿豆

(1)东北春绿豆产区:包括内蒙古东部3市1盟,以及辽宁、吉林、黑龙江等。优势产区在内蒙古自治区赤峰市的阿鲁科尔沁旗、巴林左旗、巴林右旗、翁牛特旗、敖汉旗等,通辽市的扎鲁特旗、奈曼旗等,兴安盟的科尔沁右翼中旗、扎赉特旗、突泉县等;辽宁省阜新市的阜新蒙古族自治县、彰武县等,朝阳市的建平县、喀喇沁左翼蒙古族自治县、凌源市等;吉林省白城市的洮北区、镇赉县、通榆县、洮南市、大安市,松原市的长岭县、乾安县等;黑龙江省齐齐哈尔市的泰来县、龙江县、甘南县等,大庆市的杜尔伯特蒙古族自治县、大同区、肇源县等。

(2)长城沿线春绿豆产区:包括河北、山西、内蒙古、陕西等。优势产区在河北省张家口市的阳原县、蔚县等,承德市的丰宁满族自治县等;山西省大同市的阳高县、天镇县、云州区等,朔州市的怀仁市等,忻州市的保德县等,吕梁市的兴县、临县等;内蒙古自治区呼和浩特市的赛罕区、土默特左旗、托克托县、和林格尔县、清水河县等，包头市的土默特右旗等，乌兰察布市的凉城县等，鄂尔多斯市的达拉特旗、准格尔旗、乌审旗等；陕西省榆林市的榆阳区、神木市、府谷县、横山区、佳县、子洲县等。

（3）北方夏绿豆产区：包括江苏、安徽、山东、河南、河北南部、山西南部和陕西中部地区。优势产区在江苏省徐州市的沛县、新沂市等，南通市的启东市、海门区等，连云港市的东海县、耀云县等，淮安市的选水县等；安徽省蚌埠市的五河县、固镇县等，淮北市的濉溪县等，滁州市的明光市、定远县、凤阳县等，阜阳市的阜南县、颍上县等，宿州市的埇桥区、泗县等，亳州市的涡阳县、利辛县等；山东省济南市的章丘区等，潍坊市的临朐县、昌乐县等，临沂市的兰陵县、费县，东营市的垦利区、广饶县等，菏泽市的曹县、鄄城县、定陶区等；河南省洛阳市的汝阳县、宜阳县、洛宁县等，三门峡市的渑池县、卢氏县等，南阳市的宛城区、方城县、镇平县、社旗县、唐河县、邓州市等；河北省石家庄市的井陉矿区、平山县、灵寿县等，唐山市的玉田县、遵化市、迁西县、迁安市等，邯郸市的永年区、馆陶县等，邢台市的巨鹿县、南宫市等，衡水市的故城县、景县等，保定市的高阳县、蠡县等；山西省运城市的盐湖区、临猗县、万荣县、夏县等，临汾市的尧都区、襄汾县、侯马市等；陕西省铜川市的耀州区等，宝鸡市的陈仓区、陇县、千阳县等，渭南市的大荔县、合阳县、澄城县、蒲城县、富平县、韩城市等，汉中市的城固县、宁强县，安康市的汉滨区、汉阴县等，商洛市的洛南县、镇安县等。

2）小豆

（1）东北春小豆产区：包括吉林、黑龙江，以及内蒙古东部3市1盟。优势产区在吉林省长春市的农安县、九台区等，延边朝鲜族自治州的敦化市、安图县等；黑龙江省哈尔滨市的巴彦县、尚志市等，齐齐哈尔市的依安县、富裕县、拜泉县、讷河市等，鸡西市的虎林市、密山市等，鹤岗市的萝北县、绥滨县等，双鸭山市的宝清县、饶河县等，大庆市的肇源县、林甸县等，伊春市的嘉荫县、铁力市等，佳木斯市的汤原县等，绥化市的北林区、明水县、海伦市等；内蒙古自治区赤峰市的林西县、敖汉旗等，通辽市的奈曼旗、扎鲁特旗等，呼伦贝尔市的阿荣旗、莫力达瓦达斡尔族自治旗等，兴安盟的扎赉特旗、突泉县、科右前旗等。

(2)黄土高原春小豆产区：包括山西中部、陕西北部和甘肃东部。优势产区在山西省大同市的云州区等，晋中市的寿阳县等，忻州市的忻府区、定襄县、原平市等，吕梁市的临县、岚县等，临汾市的浮山县、翼城县等，朔州市的朔城区等；陕西省延安市的安塞区、甘泉县等，榆林市的佳县、神木市、横山区、米脂县等；甘肃省庆阳市的华池县、环县等。

(3)华北夏小豆产区：包括北京、天津、河北、山西等。优势产区在北京市的房山区、通州区、顺义区等；天津市的武清区、蓟州区等；河北省石家庄市的高邑县、井陉矿区、赞皇县、平山县等，唐山市的迁安市、玉田县、遵化市、迁西县等，保定市的易县、雄县等，廊坊市的文安县、霸州市等，衡水市的故城县、景县等；山西省运城市的盐湖区、临猗县、闻喜县、新绛县、绛县、夏县等，临汾市的曲沃县、翼城县、襄汾县、侯马市等。

3)豌豆

(1)西北春豌豆产区：包括甘肃、青海、宁夏等，以及西藏、陕西、新疆部分地区。优势产区在甘肃省兰州市的永登县、皋兰县等，白银市的会宁县等，天水市的秦安县，武威市的古浪县、天祝藏族自治县等，张掖市的民乐县等，平凉市的静宁县等，定西市的安定区、通渭县、陇西县、临洮县等，临夏回族自治州的康乐县等，甘南藏族自治州的迭部县等；青海省西宁市的大通回族土族自治县、湟中区等，海东市的互助土族自治县、化隆回族自治县等；宁夏回族自治区固原市的西吉县、隆德县等；西藏自治区拉萨市的堆龙德庆区、墨竹工卡县等，昌都地区的八宿县等，日喀则市的江孜县等，林芝市的波密县、察隅县等，山南市的乃东区、贡嘎县、加查县等；陕西省渭南市的蒲城县、富平县等，延安市的安塞区、志丹县、吴起县等，榆林市的榆阳区、靖边县、定边县、横山区等；新疆维吾尔自治区昌吉回族自治州的木垒哈萨克自治县等。

（2）华北春豌豆产区：包括河北坝上和东部沿海及内蒙古中西部地区。优势产区在河北省唐山市的乐亭县等，秦皇岛市的昌黎县等，张家口市的张北县、康保县、沽源县、尚义县等；内蒙古自治区乌兰察布市的化德县、商都县、兴和县、凉城县、丰镇市等。

（3）西南秋豌豆产区：包括重庆、四川、贵州、云南等。优势产区在重庆市的合川区、潼南区、铜梁区、巫山县等；四川省成都市的简阳市、龙泉驿区、青白江区、金堂县、双流区等，自贡市的富顺县等，攀枝花市的仁和区、米易县、盐边县等，泸州市的合江县、叙永县、古蔺县等，德阳市的中江县等，绵阳市的三台县、平武县等，内江市的东兴区、威远县、资中县等，乐山市的犍为县等，南充市的高坪区、嘉陵区、南部县、仪陇县、西充县等，眉山市的仁寿县等，宜宾市的叙州区、长宁县、屏山县等，广安市的广安区、岳池县、武胜县等，达州市的达川区、宣汉县、大竹县、渠县等，资阳市的雁江区、安岳县、乐至县；贵州省六盘水市的水城区、盘州市，遵义市的播州区、桐梓县等，安顺市的普定县、镇宁布依族苗族自治县、关岭布依族苗族自治县等，毕节市的大方县、黔西市、金沙县、织金县、纳雍县、威宁彝族回族苗族自治县等；云南省曲靖市的麒麟区、马龙区、罗平县、富源县、会泽县、宣威市等，玉溪市的华宁县、易门县、峨山彝族自治县、新平彝族傣族自治县等，昭通市的巧家县、永善县、镇雄县、彝良县、水富市等，丽江市的永胜县、宁蒗彝族自治县等，普洱市的墨江哈尼族自治县、景东彝族自治县、澜沧拉祜族自治县等，临沧市的永德县、镇康县、双江拉祜族佤族布朗族傣族自治县、耿马傣族佤族自治县、沧源佤族自治县等，楚雄彝族自治州的双柏县、姚安县、大姚县、武定县等，红河哈尼族彝族自治州的屏边苗族自治县、建水县、元阳县、金平苗族瑶族傣族自治县等，文山壮族苗族自治州的西畴县、麻栗坡县、马关县、丘北县、广南县等，大理白族自治州的漾濞彝族自治县、祥云县、宾川县、弥渡县、南涧彝族自治县、巍山彝族回族自治县、云龙县、洱源县、剑川县、鹤庆县等，德宏傣族景颇族自治州的盈江县、陇川县等，怒江傈僳族自治州的泸水市、福贡县、贡山独龙族怒族自治县、兰坪白族普米族自治县，迪庆藏族自治州的香格里拉市、德钦县、维西傈僳族自治县。

4)蚕豆

(1)西北春蚕豆产区：包括甘肃、青海、宁夏、新疆等。优势产区在甘肃省兰州市的永登县、皋兰县、榆中县等，天水市的清水县、武山县、张家川回族自治县等，武威市的天祝藏族自治县等，张掖市的民乐县等，定西市的渭源县、临洮县、漳县、岷县等，陇南市的武都区、宕昌县等，临夏回族自治州的临夏县、康乐县、和政县、积石山保安族东乡族撒拉族自治县等，甘南藏族自治州的临潭县、卓尼县等；青海省西宁市的大通回族土族自治县、湟中区、湟源县等，海东市的互助土族自治县等，海南藏族自治州的共和县等；宁夏回族自治区固原市的原州区、隆德县等；新疆维吾尔自治区伊犁哈萨克自治州的昭苏县等。

(2)华北春蚕豆产区：包括内蒙古中部及河北北部。优势产区在内蒙古自治区乌兰察布市的化德县、商都县、兴和县、凉城县、丰镇市；河北省张家口市的张北县、康保县、尚义县、沽源县、崇礼区等。

(3)西南冬蚕豆产区：包括重庆、四川、贵州、云南、西藏等。优势产区在重庆市的万州区、江津区、合川区、永川区、荣昌区、巫山县等；四川省成都市的简阳市、金堂县、双流区等，自贡市的荣县、富顺县等，内江市的东兴区、资中县等，南充市的嘉陵区、南部县、仪陇县等，达州市的达川区、宣汉县、大竹县等，阿坝藏族羌族自治州的小金县等，凉山彝族自治州的西昌市；贵州省安顺市的镇宁布依族苗族自治县、关岭布依族苗族自治县等，毕节市的纳雍县、织金县等；云南省曲靖市的麒麟区、陆良县、富源县等，楚雄州的双柏县、姚安县、武定县等，红河哈尼族彝族自治州的蒙自市、弥勒市、泸西县等，大理白族自治州的大理市、祥云县、弥渡县、巍山彝族回族自治县、洱源县等；西藏自治区拉萨市的曲水县等，昌都市的芒康县等，山南市的乃东区、贡嘎县、加查县等。

(4)东南冬蚕豆产区：包括江苏、浙江、安徽、福建、江西、湖北、湖南等。优势产区在江苏省南通市的如东县、启东市、如皋市、通州区、海门区等，盐城市的大丰区等；浙江省宁波市的宁海县、慈溪市等，温州市的苍南县、乐清市等，台州市的椒江区、温岭市等，丽水市的莲都区、松阳县等；安徽省合肥市的肥东县等，芜湖市的无为市，安庆市的宿松县、望江县等，阜阳市的颍州区、太和县、颍上县等，六安市的金安区等，亳州市的利辛县等，宣城市的广德市等；福建省福州市的连江县、福清市、长乐区等，莆田市的涵江区、秀屿区、仙游县等，泉州市的惠安县、晋江市，宁德市的霞浦县、福鼎市等；江西省景德镇市的乐平市等，赣州市的于都县、会昌县、瑞金市等，吉安市的永丰县、泰和县、永新县等，上饶市的横峰县、德兴市等；湖北省黄石市的大冶市等，十堰市的郧阳区、竹溪县、房县等，宜昌市的秭归县、兴山县等，襄阳市的襄城区、谷城县等，孝感市的汉川市等，恩施土家族苗族自治州的建始县、巴东县、咸丰县等；湖南省岳阳市的华容县等，常德市的汉寿县等，益阳市的南县等。

5)普通菜豆

(1)东北普通菜豆产区：包括内蒙古东部3市1盟及吉林、黑龙江等。优势产区在内蒙古自治区赤峰市的林西县等，呼伦贝尔市的阿荣旗、莫力达瓦达斡尔族自治旗、鄂伦春自治旗、扎兰屯市等，兴安盟的扎赉特旗等；吉林省长春市的榆树市、农安县等，白城市的镇赉县、洮南市等，延边朝鲜族自治州的敦化市等；黑龙江省齐齐哈尔市的依安县、富裕县、克山县、拜泉县、讷河市等，黑河市的嫩江市、北安市、五大连池市等，大兴安岭地区的呼玛县等。

（2）北方普通菜豆产区：包括河北、山西、陕西等省及内蒙古自治区中部的长城沿线地区。优势产区在河北省张家口市的张北县、康保县、沽源县、尚义县等；山西省大同市的阳高县、天镇县、浑源县等，忻州市的宁武县、神池县、五寨县、岢岚县等；陕西省延安市的安塞区、吴起县等，榆林市的榆阳区、神木市、横山区、靖边县、定边县、绥德县、佳县等；内蒙古自治区乌兰察布市的化德县、商都县、兴和县、凉城县、丰镇市等。

（3）新疆普通菜豆产区：包括新疆维吾尔自治区阿勒泰地区的阿勒泰市、布尔津县、富蕴县、哈巴河县等，昌吉回族自治州的奇台县、木垒哈萨克自治县等。

（4）西南普通菜豆产区：包括重庆、四川、贵州、云南等。优势产区在重庆市的黔江区、巫山县、武隆区等；四川省雅安市的汉源县、石棉县、宝兴县等，凉山彝族自治州的盐源县、布拖县、昭觉县等；贵州省六盘水市的水城区等，毕节市的大方县、织金县、纳雍县、威宁彝族回族苗族自治县、赫章县等；云南省昆明市的东川区、禄劝彝族苗族自治县等，曲靖市的马龙区、罗平县、富源县、会泽县、宣威市等，玉溪市的华宁县、易门县、峨山彝族自治县、新平彝族傣族自治县等，昭通市的巧家县、永善县、镇雄县、彝良县、水富市等，丽江市的永胜县、宁蒗彝族自治县等，普洱市的墨江哈尼族自治县、景东彝族自治县、澜沧拉祜族自治县等，临沧市的永德县、镇康县、双江拉祜族佤族布朗族傣族自治县、耿马傣族佤族自治县、沧源佤族自治县等，楚雄彝族自治州的双柏县、姚安县、大姚县、武定县等，红河哈尼族彝族自治州的屏边苗族自治县、建水县、元阳县、金平苗族瑶族傣族自治县等，文山壮族苗族自治州的西畴县、麻栗坡县、马关县、丘北县、广南县等，大理白族自治州的漾濞彝族自治县、宾川县、弥渡县、南涧彝族自治县、巍山彝族回族自治县、云龙县、洱源县、剑川县、鹤庆县等，德宏傣族景颇族自治州的盈江县、陇川县等，怒江傈僳族自治州的泸水市、福贡县、贡山独龙族怒族自治县、兰坪白族普米族自治县，迪庆藏族自治州的香格里拉市、德钦县、维西傈僳族自治县。

6)豇豆

从种植区域和生长季节来看，豇豆与绿豆、小豆等的种植区域比较类似，主要分为春播区和夏播区。其中，东北地区、西北丘陵山区以春播为主，优势产区主要集中在吉林与辽宁的西部、内蒙古东部及山西、陕西等地；华北及以南地区多为夏播，优势产区主要集中在河南、湖北、贵州、江西、广西等。由于多为零星种植，豇豆优势产区布局规划尚不完善。

第二章 绿豆优质高效栽培技术

第一节 概　述

绿豆是豆科蝶形花亚科菜豆族豇豆属中的一个栽培种，属一年生草本、自花授粉植物。绿豆别名菉豆、植豆、文豆等，是典型的高蛋白、中淀粉、低脂肪食物，具粮食、蔬菜、绿肥和医药等用途。

中国是绿豆起源地之一，绿豆在中国已有2 000多年的栽培历史，在南北朝农书《齐民要术》中，就有其栽培经验的记载；明朝李时珍的《本草纲目》及其他古医书中，对绿豆的药用价值有较为详细的记载。

一 绿豆的生产

世界上绿豆主要产区在亚洲、非洲、欧洲，其中以印度、中国、泰国、缅甸、印度尼西亚、巴基斯坦、菲律宾、斯里兰卡、孟加拉国、尼泊尔、埃塞俄比亚等国栽培较多。据不完全统计，近年全球绿豆种植面积约为800万公顷，其中，印度年种植面积约为380万公顷，单产420千克/公顷；缅甸年种植面积约为120万公顷，单产1 300千克/公顷左右；泰国年种植面积为27万公顷，总产量为32万吨；印度尼西亚年种植面积为23万公顷，总产量为27万吨。中国绿豆常年种植面积在80万公顷左右，总产量约为100万吨，产区主要集中在黄河与淮河流域、长江下游及东北、华北地区。近年来，以内蒙古、吉林、山西、河南种植较多，其次是安徽、黑龙江、湖北、湖南、陕西、广西、四川、重庆、河北。

中国曾是世界上最大的绿豆出口国，以陕西榆林绿豆、吉林白城绿豆、内蒙古绿豆、河南绿豆、张家口鹦哥绿豆出口量较大，主要出口目的地为日本、越南、美国、韩国、加拿大、菲律宾等。其中，年出口日本约4.5万吨，占日本绿豆进口量的90%左右。

绿豆作为食材可加工成多种产品，如粉丝、绿豆芽、绿豆饼和绿豆汤等。此外，绿豆还是重要的药用植物，中医认为绿豆具有清热解毒、消暑利尿的功效。绿豆的医用价值主要体现在抗菌抑菌、降血脂、降胆固醇、保肝护肾和解毒等方面。

绿豆生育期短，适应性广，抗逆性强，耐旱、耐瘠、耐荫蔽，且具有共生固氮和培肥土壤的能力，适用于同多种作物间作套种。绿豆可作填闲栽培，适合与玉米、谷子和高粱等高秆作物间作或混作。绿豆的茎叶可作饲料和绿肥，经济价值较高。在农业种植结构调整和优质、高效农业生产中具有其他作物不可替代的作用。

二 主要特征特性

绿豆种子有绿（深绿、浅绿、黄绿）、黄、褐、靛青4种颜色。各色绿豆又分为有光泽（俗称明绿豆，有蜡质）和无光泽（俗称毛绿豆，无蜡质）两种。绿豆根据籽粒大小，还可分为大、中、小粒3种类型，一般百粒重在6克以上者为大粒型，4克以下为小粒型。绿豆种子有圆柱形和球形两种（图2–1）。

图2-1　绿豆籽粒

绿豆是短日照作物，喜欢较温暖湿润的气候，种子在8～10 ℃时开始发芽，最适宜的生长温度为18～30 ℃。绿豆可耐40 ℃高温，但对霜冻敏感，温度降至16 ℃以下停止生长。绿豆较耐旱，在田间最大持水量低于50%情况下也能出苗，并开花结实。但开花期对水分敏感，适当灌水可明显增加产量。绿豆怕涝，土壤过湿易徒长倒伏，花荚期遇连阴雨落花落荚严重，地面积水3天以上会造成植株死亡。绿豆耐瘠性强，对土壤要求不严，以壤土或石灰性冲积土为宜，在红壤与黏壤中亦能生长。适宜的pH一般不能低于5.5，耐微酸和微碱。怕盐碱，在含盐量为0.2%的土壤中能生长，但产量低，可做绿肥和饲料。

第二节　绿豆新品种

一　中绿5号

1.品种来源

中绿5号由中国农业科学院作物品种资源研究所用亚蔬绿豆VC1973A为母本、VC2768A为父本，通过有性杂交选育而成，2004年通过国家小宗粮豆品种技术鉴定委员会鉴定(国品鉴杂2004005)。

2. 特征特性

株型紧凑、植株直立,株高约60厘米。幼茎绿色,成熟荚黑色,籽粒绿色有光泽,呈长圆柱形,商品性好。主茎分枝3个左右,单株结荚一般25个,多者可超过40个。结荚集中,成熟不炸荚,适于机械化收获。荚长约10厘米,单荚粒数10~13粒,百粒重6.5克左右。干籽粒粗蛋白质含量为25.0%,淀粉含量为51.0%。抗叶斑病、白粉病,耐旱、耐寒性较好。

二 皖科绿3号

1. 品种来源

皖科绿3号由安徽省农业科学院作物研究所育成,2013年通过安徽省非主要农作物品种鉴定登记委员会鉴定(皖品鉴登字第1211003),2022年通过中国作物学会鉴定(国品鉴绿豆2022009),全国统一编号:C07533。

2. 特征特性

早熟,从出苗到成熟生育期为62天,株型紧凑,幼茎紫色,花黄色,籽粒呈圆柱形,荚呈圆筒形,成熟荚黑色,籽粒绿色。株高56.6厘米,分枝3.3个,主茎节数10.2节,单株荚数38.2个,单荚粒数11.33粒,百粒重6.9克。抗倒伏,抗病,耐贫瘠,对盐碱及干旱的适应性较好。籽粒饱满,粒大整齐,色泽较鲜艳,品质佳。该品种在田间均未发生白粉病、病毒病,叶斑病发生较轻,耐旱、耐寒性较好,后期不早衰。

三 苏绿2号

1. 品种来源

苏绿2号由江苏省农业科学院蔬菜研究所育成,2011年通过江苏省农作物品种审定委员会鉴定(苏鉴绿豆201101),全国统一编号:C06649。

2. 特征特性

幼茎紫色,生长稳健,叶片中等大小,叶深绿色。株型较松散,直立生长,有限结荚习性。花浅黄色,荚羊角形,成熟荚黑色。种皮绿色,籽粒光泽强,脐色白,籽粒呈短圆柱形,商品性优良。成熟时落叶性较好,不裂荚。两年鉴定试验结果平均值:生育期84天,比对照组短6天,株高59.8厘米,主茎节数12.0节,有效分枝3.7个,单株结荚34.0个,荚长9.1厘米,单荚粒数9.6粒,百粒重5.7克。

四 冀绿7号

1. 品种来源

冀绿7号由河北省农林科学院粮油作物研究所育成,2007年通过河北省科学技术厅登记(20070220),2012年通过内蒙古自治区农作物品种审定委员会鉴定(蒙认豆2012002),2013年分别通过重庆市农作物品种审定委员会鉴定(渝品审鉴2013004)和新疆维吾尔自治区非主要农作物品种登记办公室登记(新农登字2013第30号),全国统一编号:C06383。

2. 特征特性

早熟品种,夏播生育期65天。有限结荚习性,株型紧凑,直立生长,幼茎紫红色,成熟茎绿色,株高55厘米,主茎分枝3.6个,主茎节数8.2节,复叶呈卵圆形、浓绿色,叶片较大,花浅黄色。单株荚数24.7个,荚长10.1厘米、圆筒形,成熟荚黑色,单荚粒数11.0粒,籽粒长圆柱形,种皮绿色有光泽,百粒重6.8克,干籽粒粗蛋白质含量为20.9%,淀粉含量为45.6%。结荚集中,成熟一致不炸荚,适于一次性收获。抗病毒病、叶斑病,耐旱,抗倒伏,耐瘠性较强。

五 宛绿2号

1.品种来源

宛绿2号由河南省南阳市农业科学院育成，2020年通过中国作物学会鉴定（国品鉴绿豆2020009），全国统一编号：C07542。

2.特征特性

生育期60天，株型紧凑，植株直立，株高63厘米，主茎分枝3.2个，单株荚数25.2个，荚长9.0厘米，单荚粒数11.0粒，百粒重5.2克，结荚集中，成熟一致不炸荚，适于机械化收获。幼茎紫色，成熟荚黑褐色、圆筒形，籽粒呈长圆柱形，种皮绿色有光泽。干籽粒蛋白质含量为23.1%，淀粉含量为56.4%。中抗叶斑病，抗根腐病。

第三节 绿豆栽培技术

绿豆种植可春播、夏播和秋播，安徽以麦茬夏播为主。春播在4月下旬到5月上中旬播种，夏播在6月中下旬播种，秋播不能迟于8月上旬播种，以确保绿豆在低温早霜来临之前正常成熟。影响绿豆产量的主要外部因素有伏旱、渍涝、叶斑病和豇豆荚螟等。

一 地块选择与合理整地

绿豆耐旱不耐涝，应选择排水方便的地块种植，避免田间积水。一般土壤都可种植，但应避免重茬、迎茬和在低洼易涝地块种植。坡岗地或中下等肥力地块种植效益较高。是否整地应视播期、天气和劳动力而定，有条件的可以精细整地，抢茬抢墒播种，也可以铁茬播种。

二 品种选择

选择株型直立紧凑、主茎粗壮、根系发达、抗倒伏、分枝力强、抗叶斑病、籽粒商品性好、适宜机械化作业的品种。

三 播前准备

播前准备包括选种、晒种和拌种。选种主要是剔除病粒、烂粒和霉变粒。晒种可以增强种子活力，提高发芽率。一般播前晒种1～2天，注意不能在水泥地上暴晒，以免形成死豆。播种前使用拌种剂拌种，可有效防治地下害虫和土传病害。

四 合理密植

应根据品种、播期、水肥条件、田间管理水平等因素确定种植密度。一般应遵循早熟品种密、晚熟品种稀，肥地稀、瘦地密，早种稀、晚种密的原则。

五 科学施肥

绿豆生育期短，对肥料的需求比较集中。由于绿豆耐瘠性强，其根系又有共生固氮能力，生产上往往不追肥。为了提高中、低产地块的绿豆产量，必须科学施肥。施肥过多，会导致营养生长过旺，茎叶徒长，田间荫蔽，植株倒伏，落花落荚严重，反而降低绿豆的产量。

施肥原则：根据土壤肥力，施足底肥，重施花荚肥；以有机肥为主，无机肥为辅，有机肥和无机肥配合使用。基肥可结合整地进行施用，有条件的多施有机肥。在肥力较高的地块，苗期应以控为主，不宜再追肥；在地力较差、不施基肥和种肥的山岗薄地，在绿豆第1片复叶展开后，结合中耕，可每亩追施尿素3千克或复合肥8～10千克，有明显的增产效果。

花荚期是绿豆的需肥高峰期，为促花增荚，应在分枝期追施速效氮肥，花荚期喷施磷酸二氢钾，增产效果显著。

六 合理排灌

绿豆苗期和鼓粒后期需水量不多，要求土壤相对干旱。开花期是需水临界期，花荚期是需水高峰期，应保证土壤墒情良好，以利于增花、保荚、保粒。如遇涝渍，易导致植株生长不良，落花落荚、早衰，影响产量，对此应及时排水防渍。

七 适期收获

绿豆在豆荚变成熟色、籽粒硬化时即可收获。由于不同部位的豆荚成熟时间不一致，易裂荚的品种应分批采收。一般分2～3次采收，每次采收后及时喷施一次磷酸二氢钾，以延长叶片功能期，从而提高产量。也可在全田豆荚80%以上成熟时，一次性收获。有条件用机械收获的，可在70%以上豆荚成熟时，喷施催熟剂，待叶片脱落后，行机械收获。

第四节　绿豆优质高产栽培技术

一 选地整地

（1）选地：选择土壤肥力较好、蓄水能力强的地块，同时避开低洼易涝的地块。

（2）整地：前茬作物收获后，深耕细耙2～3遍，使土壤疏松，上虚下实。

（3）轮作：实行3年以上的轮作制，不宜与其他豆科作物连作。

二 选用良种

选用高产、优质、抗病、熟期较一致的优良品种。

三 施肥、种子处理和播种

1.施肥

前茬多施有机肥，播前不施底肥，但应施用种肥。种肥以磷、钾肥为主，多用有机肥。每亩用过磷酸钙20千克+有机肥1 000千克混合盖种。

2.种子处理

(1)选种：风选、水选、机选或人工挑选，清除小粒、杂质、草籽等，选用粒大饱满的籽粒。

(2)晒种：播前将种子翻晒1～2天，可增强种子活力，提高发芽率。

(3)拌种：用钼酸铵1 000倍液拌种，阴干12小时后播种。

3.适时播种

前茬作物收后立即抢墒灭茬播种。

四 田间管理

1.间苗定苗

第一片复叶展开前间苗，做到间小留大、间杂留纯、间弱留强。第二片复叶展开后定苗。纯作留苗8 000～10 000株/亩。

2.中耕除草

从出苗到开花前，中耕除草2～3次，中耕深度掌握“浅—深—浅”的原则，并进行培土，以利护根排水。

3.肥水管理

绿豆开花前耐旱，开花后遇干旱易落花落荚，应保持土壤含水量在

60%～70%，超过70%会徒长并倒伏。封垄前长势不够，可施用少量氮肥，一般每亩施用硝酸铵5千克。花期可结合防虫，用磷酸二氢钾喷洒植株，以起到增荚增粒的作用。

4.病虫害防治

（1）病害防治：绿豆的主要病害有根腐病、病毒病、叶斑病等。根腐病发病初期用杀菌壮600～800倍液叶面喷施；病毒病、叶斑病可用43%戊唑醇15克，或50%多菌灵粉剂100克或70%甲基硫菌灵100克，对水30千克进行喷雾防治。

（2）虫害防治：7月中下旬防治蚜虫，蚜虫危害十分严重，可造成减产40%以上。每亩用10%吡虫啉可湿性粉剂40克或25%吡蚜酮20克，对水30千克喷雾。另外，及时喷施豆虫清600～800倍液，不但能迅速杀死蚜虫、红蜘蛛、豆荚螟、食心虫等害虫，而且可有效防治黄叶病、病毒病，还能促进植株生长，一药三效。7月下旬至8月上旬防治豆象，每亩用48%毒死蜱100毫升，或2%阿维菌素100毫升，或2%甲维盐50毫升，对水30千克喷雾。

五 适时收获

以有2/3以上的豆荚变黑时收获为宜。

第五节　绿豆–玉米间作高产高效栽培技术

一 品种选择

选用已通过本省农作物品种审定委员会审定（认定）或通过全国农作物品种审定委员会审定（认定）适宜当地种植的绿豆、玉米品种，且应符合《粮食作物种子 第1部分：禾谷类》（GB 4404.1—2008）和《粮食作物种子 第2部分：豆类》（GB 4404.2—2010）的规定。玉米选用株型紧凑、秆硬抗倒、叶片上冲、适宜密植、抗逆性强、高产优质的早熟品种；绿豆选用耐荫蔽、分枝力强、结荚多、成熟期统一、抗病虫性强、高产优质的中早熟品种。

二 种子处理

将选好的种子采用药剂、微肥、植物生长调节剂等拌种（闷种），或播种前用已登记过的绿豆、玉米种衣剂包衣，以防治地下害虫、二条叶甲和根腐病等。

未包衣处理的种子，绿豆用2%根瘤菌剂喷洒拌种，或用20克钼酸铵加水1千克匀喷50千克种子拌种；玉米用3%呋喃丹拌种。

三 平衡施肥

1. 施肥原则

遵循“平衡施肥，有机肥、化肥结合，基、追肥并举，磷、钾肥或微肥基施，氮肥分期施用”的原则，增施有机肥和磷、钾肥。追肥切忌靠近玉米、绿豆根系，以免伤根烧苗。玉米肥料运筹上，轻施苗肥，重施大口肥，补追花粒肥。

2. 施肥方法

（1）有机肥：每亩施有机肥（有机质含量8%以上）2 000～3 000千克，结合整地做底肥一次性施入。

（2）基肥：玉米每亩施复合肥（15-15-15）40～50千克。

（3）追肥：每亩在玉米大喇叭口期追施尿素10千克，在籽粒灌浆期追施尿素10～12千克。也可选用含硫玉米缓（控）释专用肥在苗期一次性施入。绿豆在花期每亩追施磷酸二铵5～15千克，第一次采摘后每亩叶面喷施磷酸二氢钾200克，浓度控制在0.3%～0.6%。

四 科学播种

1.播期

最佳播种时间一般应掌握在6月5—15日，即小麦收获后及时抢墒播种。

2.播种方式

玉米选用旋耕施肥复式播种机板茬播种，一次性完成分草、开沟、施肥、播种、覆土等多项作业，播深3～5厘米，或施肥耕整后人工等距离点播；绿豆采用耕整后人工等距离点播。

3.间作方式

玉米、绿豆行间距60厘米，玉米行距40厘米、株距25厘米，绿豆行距40厘米、株距15厘米；3行绿豆间作2行玉米(图2-2)。

图2-2　玉米-绿豆间作方式

4.密度

每亩种植玉米2 500～3 000株、绿豆6 000～7 000株。

5.播种质量

播深一致，播种均匀，无缺苗断垄。

五 田间管理

1. 补苗、间苗

绿豆、玉米出苗后，及时查苗，对缺苗断垄应及时补种或移栽。玉米在3叶期间苗、5叶期定苗，及时拔除小弱株；绿豆在子叶展开时进行间苗，第三片真叶展开时定苗。

2. 水分管理

（1）灌溉。灌溉水应符合《农田灌溉水质标准》（GB 5084—2021）要求。除苗期外，玉米各生育期田间持水量降到60%以下时均应及时浇水；绿豆在花期、结荚期和鼓粒期遇旱应进行灌溉。灌溉后及时中耕松土。灌溉方式以沟灌为主，有条件的可采用渗灌或喷灌，杜绝大水漫灌。在土壤缺水时，可对这两种作物同时灌溉。

（2）排涝。绿豆、玉米在苗期如遇暴雨或连阴雨应及时排涝，淹水时间不得超过0.5天。生长后期淹水时间不得超过1天。

3. 中耕

玉米拔节前进行中耕保墒，绿豆浇水后及时中耕。

4. 除穗和辅助授粉

玉米果穗长出后，在抽丝前每株只需留一个大果穗，其余的掰除。雌穗吐出花丝后的上午8:30—11:30为最佳辅助授粉时间，将授粉筒对着剪去花丝的部位轻轻抖动，一般保持在3厘米左右的距离，不要接触到花丝，2～3天后，如雌穗花丝继续生长，必须再进行一次辅助授粉，以保证整块田授粉完好。

5. 病虫草害综合防治

按照“预防为主，综合防治”的原则，优先采用农业防治、生物防治、物理防治，合理使用化学防治，农药的使用应符合《农药合理使用准则》

(GB/T 8321.10—2018)的规定。

1)杂草防治

播种后出苗前，墒情好时每亩可直接用90%乙草胺乳油120～140毫升对水35千克，或48%甲草胺乳油200～250毫升对水35千克，或60%丁草胺乳油100毫升对水40～50千克均匀喷施土表，对玉米、绿豆同时封闭，遇干旱应适当加大对水量。喷药力求均匀，以防止出现漏喷或局部用药过多造成药害等现象。

由于绿豆、玉米在植物分类学上分属不同类别，在它们出苗后化学除草剂的选用应严格掌握：玉米幼苗3～5叶期、杂草2～5叶期，每亩喷施4%玉农乐悬浮剂(烟嘧磺隆)100毫升；在玉米7～8叶期，每亩用灭生性除草剂20%百草枯(克芜踪)水剂100～200毫升定向喷雾；绿豆出苗后，当阔叶杂草2叶期至4叶期时，用48%灭草松150～200毫升/亩，对水40千克，进行第一次茎叶喷雾；禾本科杂草4～6叶期时，每亩用12.5%烯禾啶100毫升或5%精喹禾灵50～60毫升，对水40千克，进行第二次茎叶喷雾，或每亩选用15%精吡氟禾草灵乳油50毫升+24%乳氟禾草灵乳油25毫升，在绿豆苗期喷施。

2)地下害虫防治

没有进行种子处理的田块，用50%辛硫磷乳油500毫升，对水10～15千克，在15:00后灌幼苗，每株灌50克。

3)玉米主要病虫害防治

(1)玉米苗期黏虫、蓟马：黏虫可用灭幼脲、辛硫磷乳油等喷雾防治，蓟马可用5%吡虫啉乳油2 000～3 000倍液喷雾防治。

(2)玉米螟：在大喇叭口期(第11～12叶展开)，每亩用1.5%辛硫磷颗粒剂0.25千克，掺细沙7.5千克，混匀后撒入心叶，每株用量为1.5～2克。有条件的地方，当田间百株卵块在3～4块时释放松毛虫赤眼蜂，生物防治玉米螟幼虫。也可以在玉米螟成虫盛发期用杀虫灯诱杀。

(3)玉米锈病:发病初期,用25%粉锈宁可湿性粉剂1 000～1 500倍液或50%多菌灵可湿性粉剂500～1 000倍液喷雾防治。

4)绿豆主要病虫害防治

(1)病毒病:发现蚜虫迁入绿豆田后要及时喷洒常用杀虫剂进行防治,以减少传毒。发病初期喷洒20%病毒A可湿性粉剂500倍液或15%病毒必克可湿性粉剂500～700倍液。

(2)绿豆锈病:发病初期,喷洒15%三唑酮可湿性粉剂1 000～1 500倍液,或50%萎锈灵乳油800倍液,或25%丙环唑乳油2 000倍液,或70%代森锰锌可湿性粉剂800倍液+12.5%腐霉利可湿性粉剂1 000～2 000倍液,或6%氯苯嘧啶醇可湿性粉剂1 000～1 500倍液。每隔15天左右喷洒1次,连续喷洒2～3次。

(3)叶斑病:发病初期选用70%代森锰锌500倍液,或41%特效杀菌王2 000倍液,或20%蓝迪500倍液喷雾防治。每隔7～10天喷1次,连喷2～3次,可有效控制病害流行。

(4)蚜虫:用15%乐果粉对细砂土撒在绿豆植株基部,或喷洒40%乐果乳剂1 000～1 500倍液,或50%马拉硫磷1 000倍液,或25%的亚胺硫磷乳油1 000倍液,或氧化乐果2 000倍液等。

(5)地老虎:3龄前幼虫,可用2.5%溴氰菊酯3 000倍液或20%蔬果磷3 000倍液喷洒,或用50%辛硫磷乳剂1 500倍液灌根;3龄后幼虫,可在早晨顺行捕捉。

(6)豆象:豆象是绿豆主要的仓库害虫。防治方法如下:

①物理防治:包括覆盖草木灰或细砂土、连续晾晒、冷冻等。也可将绿豆放入沸水中停放20秒,捞出晾干,或用0.1%花生油敷于种子表面等方法杀死成虫和防止豆象产卵。在-20 ℃冷冻10小时最为经济有效。

②化学防治：磷化铝熏蒸效果最好，且不影响种子发芽和食用。一般可按贮存空间每立方米3～6克磷化铝的用量，在密封的仓库或熏蒸室内熏蒸。

六 适时收获和秸秆处理

实行分品种收获，单储，单运。绿豆在荚果转黑后分批次采收，玉米在籽粒乳线基本消失、基部黑层出现时收获。收获后及时晾晒至含水量≤13.0%后入库储藏。

玉米、绿豆收获后，严禁焚烧秸秆，应及时粉碎还田，以培肥地力。

七 其他灾害应变措施

1.雹灾

玉米在拔节前遭遇雹灾，应及时中耕散墒、通气、增温，并追施少量氮肥，亦可喷施叶面肥，以促其恢复，减少产量损失。玉米在拔节后遭遇雹灾，应及时组织科技人员进行田间诊断，也可喷施叶面肥，以促其恢复，减少产量损失。

2.风灾

玉米在小喇叭口期前遭遇大风，出现倒伏，可靠植株自我调节进行恢复。玉米在小喇叭口期后遭遇大风而出现倒伏，应及时扶正，并浅培土，以恢复叶片自然分布状态，减少产量损失。

第六节　绿豆全程机械化生产技术

一 产地环境

避免迎茬和重茬，避免选用碱性（pH≥8）土壤和低洼易涝的地块。产地环境应符合《无公害农产品　种植业产地环境条件》（NY/T 5010—2016）的要求。

二 种植方式

采用豆类播种机精量播种，一次性完成施肥、排放种苗、覆土作业。播种机的技术要求、性能指标、安全要求应符合《谷物播种机　第1部分：技术条件》（JB/T 6274.1—2013）的规定。

三 品种选择

选择株型直立收敛、抗倒伏，底荚高度≥15厘米，结荚集中、成熟集中度高、不炸荚、籽粒商品性好的品种（图2-3）。种子质量应符合《粮食作物种子　第2部分：豆类》（GB 4404.2—2010）的规定。

图2-3　宜机性品种田间表现

四 播种

1.种子处理

播种前晒种1～2天，采用获得登记的药剂、微肥、植物生长调节剂等进行拌种，药剂使用需符合《农药合理使用准则》（GB/T 8321）的要求。

2.播期

最适播期为6月中下旬至7月上旬，播种时间不宜晚于7月下旬。

3.播种机型

根据土壤条件，选择适宜播种机型号，以保证种肥隔离。行距40～50厘米，穴距30～35厘米，每穴播2～3粒，播深3～5厘米。

4.播种量

根据品种籽粒大小，每亩播种量为1.5～2.5千克，密度为8 000～10 000株。

5.种肥

每亩施复合肥（15–15–15）15～20千克。肥料施用应符合《肥料合理使用准则　通则》（NY/T 496—2010）的规定。

五 田间管理

1.化学除草

播种后出苗前，每亩喷施72%异丙甲草胺100毫升进行土壤封闭处理；或苗后据田间杂草情况使用拿扑净、氟磺胺草醚等药剂处理。农药使用应按《农药合理使用准则》（GB/T 8321）和《农药安全使用规范　总则》（NY/T 1276—2007）的规定执行。

2.肥水管理

防止田间积水，开花后应保持土壤含水量在60%～70%。封垄前，若长势不足，可追施磷酸二铵5～15千克/亩。

六 病虫害防治

1. 常见病虫害

常见病虫害有根腐病、叶斑病、豆荚螟、蚜虫、绿豆象等。

2. 防治原则

坚持"预防为主，综合防治"，优先采用农业防治、物理防治、生物防治，合理使用化学防治。

3. 防治措施

（1）农业防治：合理轮作；选用对当地主要病虫害高抗的优质品种，培育无病虫壮苗；发现病株及时拔除销毁，减少病源数量；清沟排水，严防渍害。

（2）物理防治：银灰膜驱蚜；蓝黄板（25厘米×30厘米，每隔25米放1张）或频振式杀虫灯（每隔120米放1盏）诱杀多种害虫的成虫。

（3）生物防治：积极保护并利用天敌防治病虫害，如用瓢虫防治蚜虫；或者采用植物源农药和生物源农药防治病虫害。

（4）化学防治：农药使用应严格控制农药用量和安全间隔期，于防治适期防治病虫害（表2-1）。

表2-1　绿豆主要病虫害防治推荐农药使用方案

主要防治对象	药　剂	防治适期	方　法	安全间隔期/天
根腐病	50%多菌灵	播种前	0.3%拌种	—
	50%多菌灵	发病初期	1 000倍液灌根	7
	75%代森锌可湿性粉剂		600倍液喷雾	7
叶斑病	25%嘧菌酯	播种前2天	500倍液拌种	—
	75%多菌灵	发病初期	600倍液喷雾	7
	75%代森锌可湿性粉剂		600倍液喷雾	10

续表

主要防治对象	药　剂	防治适期	方　法	安全间隔期/天
豆荚螟	25%灭幼脲	产卵盛期、孵化盛期	1 500倍液喷雾	10
	20%氯虫苯甲酰胺		2 000倍液喷雾	10
蚜虫	3%啶虫脒可湿性粉剂	百株蚜量超过1 500头	1 600倍液喷雾	10
	10%蚜虱净可湿性粉剂		1 600倍液喷雾	10
绿豆象	磷化铝	仓储	1片/50千克密闭熏蒸	—

七 机械收获

豆荚85%以上变黑、叶片干枯并部分脱落、茎秆开始干枯时，使用联合收获机械进行收获。脱粒装置转速视籽粒破损情况调整，一般不得高于300转/分。

八 贮藏

收获后及时晾晒，水分低于13%时，入仓贮藏。

第三章 豌豆优质高效栽培技术

第一节 概 述

豌豆又名麦豌豆、淮豆、毕豆、小寒豆等，属长日性冷季豆类，春播一年生或秋播越年生攀缘性草本植物。豌豆原产于亚洲西部和地中海沿岸地区，种植豌豆的历史至少要追溯到6 000年以前，而我国栽种已有2 000余年的历史。《本草纲目》言“其苗柔弱宛宛，故得豌名”，由此得名“豌豆”。

豌豆作为主要的食用豆类作物，具有较强的耐寒性和较广的适应性，是世界第四大豆类作物。其营养价值高，种植区域辽阔，分布广泛，是集粮食生产、鲜食蔬菜、食品加工、绿肥、饲料于一体的多用途作物，具有较高的经济价值。

一 豌豆的生产

豌豆干籽粒在世界98个国家都有生产，总种植面积约有845万公顷，相当于全世界禾谷类作物收获面积的12%。中国是世界第一大豌豆生产国，干豌豆栽培面积和总产量分别占全世界的15.13%和12.45%，青（鲜食）豌豆栽培面积和总产量分别占全世界的57.82%和60.53%。中国在世界豌豆生产中占有举足轻重的地位。

中国干豌豆生产区主要分布在云南、四川、甘肃、内蒙古、青海等地。青豌豆主产区位于全国主要大、中城市附近，广东、福建、浙江、江苏、山东、河北、辽宁等省份的沿海市县，以及云南、贵州、四川等省份的高海拔区域。

豌豆适应冷凉气候、多种土地条件和干旱环境，具有蛋白质含量高，易消化吸收，粮、菜、饲兼用和深加工增值等诸多特点，是种植业结构调整中重要的间、套、轮作和养地作物，也是中国南方主要的冬季作物、北方主要的早春作物之一。因此，豌豆在农业可持续发展和食物结构中有着重要影响。

二 常见的豌豆类型

根据荚质、花色、种皮色、叶形、用途等的不同，豌豆分为诸多类型。

1.按荚质分类

根据荚果特性，豌豆可分为硬荚豌豆和软荚豌豆，软荚豌豆又可进一步分为荷兰豆和甜脆豌豆。扁荚肉质层薄的软荚豌豆称作荷兰豆，豆荚短棍棒状或手指状且肉质层厚的软荚豌豆称作甜脆豌豆。

2.按花色、种皮颜色、种子大小分类

根据花色，豌豆可分为白花豌豆和紫花豌豆。根据种皮颜色，豌豆可分为白豌豆、绿豌豆和褐麻豌豆。根据种子形状，豌豆可分为圆粒豌豆、扁圆粒、凹圆粒和皱粒豌豆。根据种子大小，豌豆可分为大粒品种（百粒重>30克）、中粒品种（百粒重20～30克）和小粒品种（百粒重<20克）（图3–1）。

图3-1　豌豆籽粒类型

3.按叶形分类

根据复叶叶形，豌豆可分为普通、无须、无叶和簇生叶四类。具有普通复叶和正常托叶的为普通豌豆，具有无叶型复叶和正常托叶的为半无叶豌豆，具有无叶型复叶和极度缩小呈披针形托叶的为无叶豌豆。无叶豌豆和半无叶豌豆的抗倒伏性、透光性、通风性都比普通豌豆显著增强，因此播种密度可加大50%～100%，而且易于防治病虫害和采摘青荚。半无叶豌豆是最好的株型。

4.按用途分类

（1）粮用豌豆：种子作为粮食与制淀粉用，常作为大田作物栽培。

（2）菜用豌豆：果荚有软荚及硬荚两种。软荚种的果实幼嫩时可食用；硬荚种的果皮坚韧，以幼嫩种子供食用，而嫩荚不能食用。

三　豌豆生物学特性

豌豆从播种到成熟的全过程可分为出苗期、分枝期、孕蕾期、开花结荚期和灌浆成熟期等。其中孕蕾期、开花结荚期较长，植株上下各节之间，孕蕾、开花、结荚同步进行。各生育期的长短因品种、温度、光照、水分、土壤养分和春、秋播而有差异。不同生育期有不同的特点，对环境条件有不同的要求。认识并利用这些特点，对促进豌豆高产意义重大。

1. 出苗期

豌豆种子萌芽时，首先下胚轴伸长形成初生根，突破种皮后伸入土中，成为主根。初生根伸长后，上胚轴向上生长，胚芽突破种皮，露出土表以上2厘米左右时称为出苗。豌豆籽粒较大，种皮较厚，吸水较难，而且是冷凉季节播种，所以豌豆出苗所需时间比小粒豆类作物要长，从种子发芽（胚根突破种皮）到主茎（幼芽）伸出地面2厘米左右需7～21天。在土壤湿度合适的情况下，温度是影响出苗天数的主要因素。在土温稳定在5 ℃以上时，种子就可发芽。豌豆种子出苗时子叶不出土。

2. 分枝期

豌豆一般在3～5片真叶时，开始从基部节上发出分枝。当生长到2厘米长，有2～3片展开叶时为一个分枝。豌豆分枝能否开花结荚及开花结荚多少，主要取决于分枝出生的早晚和长势的强弱，另外还与品种、播种密度、土壤肥力和栽培管理等有关。早出生的分枝长势强，积累的养分多，大多能开花结荚。一般匍匐习性强的深色粒、红花晚熟品种分枝发生早且多，矮生早熟品种分枝发生迟且少。

3. 孕蕾期

豌豆从营养生长向生殖生长的过渡时期称为孕蕾期。进入孕蕾期的特征是主茎顶端已经分化出花蕾，并为上面2～3片正在发育中的托叶及叶片所包裹，揭开这些叶片能明显看到正在发育中的花蕾。在北方春播条件下，出苗至开始孕蕾需要30～50天，随品种的熟性不同而有迟早。同一品种还会因播期早晚、肥力情况而有变化。孕蕾期是豌豆一生中生长最快、干物质形成和积累较多的时期。此时要通过调节肥水来协调生长与发育的关系，对生长不良的要促，以防早衰；对长势过旺的要改善其通风透光条件，防止过早封垄造成落花落荚。

4. 开花结荚期

豌豆边开花边结荚，从始花到终花是豌豆生长发育的盛期，一般持续30～45天。这个时期，茎叶在其自身生长的同时，又为花荚的生长提供大量的营养，因而需要充足的土壤水分、养分和光照，以保证叶片充分进行光合作用，从而确保多开花、多结荚和减少花荚脱落。

5. 灌浆成熟期

豌豆花朵凋谢以后，幼荚伸长速度加快，荚内的种子灌浆速度也随之加快。随着种子的发育，荚果也在不断伸长、加宽，花朵凋谢后约14天，荚果达到最大长度。在荚果伸长的同时，灌浆使得籽粒逐渐鼓起。这一时期是豌豆种子形成与发育的重要时期，决定着单荚成粒数和百粒重的高低。此时，缺水、肥会使百粒重降低，从而降低籽粒产量和品质。为了保证叶片充分进行光合作用，促进荚果中养分的积累，必须加强保根、保叶，做到通风透光，防止早衰。当豌豆植株70%以上的荚果变黄变干时，就达到了成熟期。春播区豌豆一般在6月上旬到8月上旬成熟，秋播区豌豆一般在次年4—5月成熟。成熟期阴雨天较多，应注意抢晴收获，及时晒干，防止霉变。

第二节　豌豆新品种

1. 中豌6号

【品种来源】中国农业科学院畜牧研究所育成。

【特征特性】普通株型，白花，硬荚。鲜青豆百粒重52克左右，青豆出仁率为47.8%。干籽粒种皮浅绿色，百粒重25克，粗蛋白含量为24%。

【利用价值】干鲜兼用，品质好，味鲜美，皮薄易熟。

2. 中豌4号

【品种来源】中国农业科学院畜牧研究所育成。

【特征特性】普通株型。白花，鲜籽粒浅绿色，口感好。干籽粒圆形、黄白色、光滑，百粒重22克，粗蛋白含量为23%。

【利用价值】干鲜兼用，品质好。

3. 成豌8号

【品种来源】四川省农业科学院作物研究所育成。审定编号为川审豆2006004。

【特征特性】普通株型，白花，硬荚。干籽粒圆形，种皮灰绿色，百粒重21.6克，粗蛋白含量为29.7%。

【利用价值】粮、饲、蔬及加工兼用型豌豆。

4. 云豌18号

【品种来源】云南省农业科学院粮食作物研究所育成。2018年通过农业农村部非主要农作物品种登记（GPD豌豆2018530031）。全国统一编号为G07441。

【特征特性】普通株型，花白色，单花花序。荚直形、质硬，鲜荚绿色，成熟荚浅黄色。种皮皱、绿色，种脐绿色，子叶绿色。百粒重21克。干籽粒蛋白质含量为25.2%，淀粉含量为46.8%。

【利用价值】鲜销菜用，生产鲜荚、鲜籽粒，是优质菜用型豌豆。

5. 云豌1号

【品种来源】云南省农业科学院粮食作物研究所育成。

【特征特性】无须豌豆类型。白花，干籽粒种皮淡绿色，种脐白色，百粒重21克。卷须退化，叶片肥厚，嫩梢纤维少，质地柔软，品质极佳。

【利用价值】豌豆尖专用型品种。

6. 定豌1号

【品种来源】甘肃省定西地区旱农中心育成。

【特征特性】普通株型，花白色，干籽粒淡绿色、圆形，种脐白色。百粒重22克。粗蛋白含量为22.1%。

【利用价值】用于干籽粒生产。

7. 苏豌5号

【品种来源】江苏沿江地区农业科学研究所育成。

【特征特性】半无叶株型。白花，硬荚。鲜籽粒绿色，百粒重45克，出籽率45%。干籽粒圆形，浅黄色，子叶橙黄色，种脐淡黄白色，百粒重24克，粗蛋白含量为24.2%，淀粉含量为61.2%。

【利用价值】粮菜兼用型品种，适宜鲜籽粒速冻加工。

8. 皖豌1号

【品种来源】安徽省农业科学院作物研究所育成。

【特征特性】普通株型。白花，硬荚。鲜籽粒绿色，百粒重40.6克；干籽粒圆形，绿色，种皮光滑，百粒重23克，粗蛋白含量23.6%，淀粉含量51.4%。

【利用价值】鲜食籽粒型品种。

第三节　豌豆干籽粒生产技术

一、主栽品种及产量构成

1. 中豌6号

普通株型，适宜播种密度为4.0万～5.0万株/亩，播种量为17.5千克/亩，有效分枝为4.5万～6.0万枝/亩，单株有效荚数为8～15荚，单荚粒数为5～8粒，百粒重25克。播种期为11月上中旬，成熟期为次年5月中下旬。

2.成豌8号

普通株型，粮菜兼用型品种，适宜种植密度为1.2万～2.0万株/亩，播种量为8～10千克/亩，有效分枝为2.5万枝/亩，单株有效荚数为10～20荚，单荚粒数为5～8粒，百粒重为21.6克。播种期为11月上中旬，成熟期为次年5月中下旬。

3.定豌1号

普通株型，适宜种植密度为3.0万～4.0万株/亩，播种量为13～16千克/亩。有效分枝为5.0万～7.0万枝/亩，单株有效荚数为4.5荚，单荚粒数为5～8粒，百粒重为19.3克。播种期为11月中下旬至12月上旬，成熟期为次年5月中下旬。

二 播前准备

1.选地

豌豆对土质的要求不严格，但以有机质多、排水良好并富含磷、钾及钙的土壤为宜。适宜的土壤pH为6～7.5，土壤过酸时根瘤难形成，生长不好。pH低于5.5时，易发生病害和降低结荚率。由于豌豆根系分泌物会影响次年根瘤菌的活动和根系生长，所以豌豆忌连作。连作还会使田间病虫害发生程度加剧，导致产量下降，建议实行3年以上的轮作。

2.整地

前茬收获后及时深松土壤，有利于消灭病虫草害，加速土壤熟化，为适时播种做好准备。

3.精选种子

人工精选，选用当年收获的籽粒饱满、大小均匀的种子，剔除残缺粒(机械损伤)、蛀粒(豆象)、病斑粒、瘪粒和其他杂质,确保种子纯度≥98%,发芽率≥95%,发芽势强。

4.种子处理

播种前晒种1~2天,能提高种子活力,利于苗全、苗壮。同时,可结合药剂拌种,使用多菌灵、苯菌灵可湿性粉剂或者钼酸铵,用药量为种子重量的0.3%左右,以控制苗期地下害虫和预防前期根部病害。

三 播种方式与规格

1.播种方式

多采取直播方式,平畦栽培,湿地或地膜覆盖时高畦栽培。豌豆播种时要求土壤有足够的底墒,土壤湿度以手握成团、落地散开为宜,过干或过湿均不利于出苗。若土壤干燥,在播前5~7天浇水。矮生直立品种多进行条播,行距约30厘米,株距3~8厘米,视品种的分枝性强弱而定。蔓生品种多进行穴播,每穴播种2~3粒,播种深度3~4厘米。

2.播种规格

(1)大田豌豆一般行距20厘米,不间苗。

(2)依据品种特性确定用种量。大粒型、矮生品种每亩用种量为15~20千克,小粒型品种每亩用种量为10~15千克。

四 施肥、灌溉与土壤管护

1.科学施肥

(1)施肥原则:重施底肥(主要施用有机肥,适当增施磷、钾肥),在苗期和蕾花期视苗情施好追肥(叶面肥)。

(2)施肥量:根据地力情况,整地时结合翻耕,每亩可施腐熟的农家肥2 000~3 000千克,过磷酸钙20~30千克、硫酸钾6~10千克或草木灰

50～60千克，地力不足的再加施尿素5～10千克。花荚期可适当施用尿素10～15千克/亩。

（3）施肥时期：底肥，整地时施用，施入全部有机肥（农家肥）和磷肥；苗肥，出苗后15～20天施入，施用氮肥+钾肥或复合肥；花荚肥，盛花期至荚期施用，用5%磷酸二氢钾+5%甲壳素进行叶面喷施，壮果、壮荚，每隔10天喷1次，连续喷施2次。

2. 合理灌排

适墒播种，保证全苗是豌豆栽培的关键，如果播种后土壤墒情不足，应及时灌出苗水；花期水分不足，会导致落花落荚严重，大大降低成荚率，可以选择盛花期至始荚期视土壤墒情灌水。若遇灌浆鼓粒期雨水偏多，要及时清沟排水，防止病害滋生蔓延和荚果霉变。

五 病虫草害防治

1. 杂草防除

（1）化学防除：播种后3～5天喷施化学除草剂。一般可选用乙草胺等（按说明书使用），喷药时应均匀喷雾于土壤表面，切忌漏喷或重喷，以免药效不好或发生局部药害。另外，喷药应避开雨天或有风天气。

（2）中耕除草：现蕾期前进行人工除草及松土培土，可以有效改善土壤养分流动供给状况，促进植株对养分的吸收。

2. 病害防治

（1）白粉病：在发病初期每亩用15%三唑酮可湿性粉剂或15%烯唑醇可湿性粉剂100克，对水50千克，喷雾防治。根据病情，可防治1～2次。

（2）锈病：发病初期用50%粉锈宁可湿性粉剂1 000倍液喷雾防治，7天后再防治1次，连续防治2次。

（3）根腐病：发病初期用70%甲基托布津800倍液灌根防治。

3. 虫害防治

(1)豌豆象：开花期、卵孵盛期或初龄幼虫蛀入幼荚之前用24.5%绿维虫螨乳油1 200倍液(或其他菊酯类农药)喷雾防治，每周防治1次，连续防治2～3次。

(2)蚜虫防治：百株蚜量超过1 500头时开始第一次防治，可用10%吡虫啉3 000～4 000倍液，每隔7～10天喷施1次，连续喷施2～3次。

六 收获、晾晒与贮藏

1. 适时收获

干籽粒收获主要集中在5月中下旬，在80%的植株荚果呈现枯黄色时开始收获，要及时抢收，以免遭遇多雨天气。

2. 科学晾晒

收获时采用机械切割植株近根部茎秆或人工拔起整株收获，注意让荚果保持在植株上，置于地上晒至干枯再进行脱粒，以保证籽粒有充分的后熟过程，从而增加百粒重，提高籽粒产量。

3. 安全贮藏

籽粒含水量低于13%时即可入仓贮存，贮存前可用磷化铝熏蒸或在冰箱冷藏室冷藏10小时以上以防治豆象，贮存环境应保证阴凉密闭干燥。

第四节　鲜食豌豆生产技术

一 主栽品种及产量构成

1. 中豌6号

普通株型，适宜播种密度为4.0万～5.0万株/亩，播种量为17.5千克/亩，有效分枝为4.5万～6.0万枝/亩，单株有效荚数为8～15荚，单荚粒数为6～12粒，鲜百粒重为52克左右。播种期为2月上旬（即立春前后），采摘期为4月下旬至5月上中旬。

2. 成豌8号

普通株型，适宜种植密度为4.0万～5.0万株/亩，播种量为15千克/亩，有效分枝为4.5万～6.0万枝/亩，单株有效荚为10～15荚，单荚粒数为6～9粒，鲜百粒重为50克。播种期为2月上旬（即立春前后），采摘期为4月下旬至5月上中旬。

3. 皖豌1号

普通株型，适宜种植密度为4.0万～5.0万株/亩，播种量为17～20千克/亩，有效分枝为4.5万～6.0万枝/亩，单株有效荚数为10～15荚，单荚粒数为6～9粒，鲜百粒重为42克。播种期为2月上旬（即立春前后），采摘期为5月上中旬。

4. 中豌4号

普通株型，适宜播种密度4.0万～5.0万株/亩，播种量12.5千克/亩，有效分枝5.5万～6.0万枝/亩，单株有效荚数6～8荚，单荚粒数5～10粒，鲜百粒重48克左右。播种期2月上旬（即立春前后），采摘期4月下旬至5月上中旬。

二 播前准备

1. 选地

鲜食豌豆应选择有灌溉条件、土层深厚、土壤物理性状较好的砂壤土，土壤有机质含量要求在2%以上。由于豌豆根系分泌物会影响次年根瘤菌的活动和根系生长，所以豌豆忌连作。连作还会使田间病虫害加剧，从而导致产量下降。

2.整地

前作胡萝卜或预留的春地：播种前去除田间其他作物残茬，施肥，深耕，旋耙待播。

3.精选种子

采用人工或泥水精选种子，选择籽粒饱满均匀、无破损、无病虫斑的籽粒，确保种子纯度≥98%，发芽率≥95%，发芽势强。

4.种子处理

播前晒种1～2天以增强种子活力，或选用包衣种子（或用钼酸铵等药剂拌种），以控制地下害虫、土传病害，并防止烂种死苗。

三 播种方式与规格

1.播种方式

采取机械直播方式，平畦栽培，播种时要求土壤足墒。

2.播种规格

豌豆一般不进行间苗，播种量乘以出苗率即为播种密度。依据品种特性确定用种量，中豌6号用种量为15～20千克/亩，成豌8号用种量为10～15千克/亩。等行距播种，行距为20～22厘米。

四 施肥、灌溉与土壤管护

1.科学施肥

（1）施肥原则：增施有机肥，适当增施氮肥，重视钾肥和磷肥，注重根外追肥（叶面肥）。

（2）施肥量：施用有机肥（农家肥）3 000千克/亩，尿素8～10千克/亩，过磷酸钙30～40千克/亩，硫酸钾13～15千克/亩。

（3）施肥时期：基肥，整地时施用全部有机肥（农家肥）和氮肥、钾肥、磷肥；花肥，盛花期叶面喷施5%磷酸二氢钾+5%甲壳素，每7天喷1次，连续喷2次。

2. 合理灌排

播种前，遇旱造墒、保证全苗是豌豆栽培的关键。如果播种出苗后土壤墒情不足，应及时灌水。花期水分不足会导致落花落荚严重，大大降低成荚率；始荚期至盛花期，视土壤墒情灌水。灌浆鼓粒期若雨水偏多，要及时清沟排水，防止病害滋生蔓延和荚果霉变。

五 病虫草害防治

1. 杂草防除

（1）化学防除：可选用乙草胺或96%异丙甲草胺乳油作为土壤封闭除草剂。喷药时应均匀喷雾于土壤表面，切忌漏喷或重喷，以免药效不好或发生局部药害。避免在雨前或有风天气喷药。

（2）中耕除草：现蕾前进行人工除草、松土培土，可以有效改善土壤养分供给状况，促进植株对养分的吸收。

2. 病害防治

（1）白粉病：在发病初期每亩用15%三唑酮可湿性粉剂或15%烯唑醇可湿性粉剂100克对水50千克，喷雾防治。根据病情，可防治1～2次。

（2）锈病：发病初期用50%粉锈宁可湿性粉剂1 000倍液喷雾防治，7天后再防治1次，连续防治2次。

（3）根腐病：发病初期用70%甲基托布津800倍液灌根防治。

3. 虫害防治

（1）豌豆象：开花期、卵孵盛期或初龄幼虫蛀入幼荚之前用24.5%绿维虫螨乳油1 200倍液（或其他菊酯类农药）喷雾防治。

（2）蚜虫、潜叶蝇等：百株蚜量超过1 500头开始第一次防治，可用

10%吡虫啉3 000～4 000倍液或3%阿维菌素·高氯2 000倍液，喷施1次。

化学防治用药不得迟于鼓粒初期，第一次药剂处理后，每20～30平方米再布置一张蓝（黄）板，可有效防治潜叶蝇。

六 鲜荚收获

花后15～20天处于豌豆鼓粒后期时，分批采收上市。以豆荚鼓粒饱满、荚皮尚未变老，而豆粒尚幼嫩时为采收最佳时期（图3-2）。

图3-2 鲜荚豌豆

第四章 蚕豆优质高效栽培技术

第一节 概 述

蚕豆别名胡豆、佛豆、罗汉豆等，越年生（秋播）或一年生（春播）草本植物。蚕豆是除大豆、花生、豌豆外，我国种植面积最大、总产量最多的食用豆类作物。除东北、山东和海南外，各省（区、市）均有种植。蚕豆是中国南方主要的冬季作物、北方主要的早春作物。蚕豆秋播区的云南、江苏、浙江、重庆、四川、湖北和安徽，以菜用蚕豆和粮用蚕豆栽培最多；春播区以粮用蚕豆为主，集中在甘肃、青海、宁夏、内蒙古及河北张家口坝上地区，其他各省种植面积较小。

一 蚕豆的用途

蚕豆籽粒中蛋白质含量为20%～40%，仅次于大豆，是植物蛋白质的重要来源。蚕豆具有很高的经济价值，集蔬菜、饲料及工业原料生产为一身，属粮食、经济兼用型作物。蚕豆一身是宝，其种子、茎、叶、花、荚壳、种皮均可做药用，是重要的药材，主要功能是健脾祛湿、通便凉血。

蚕豆作为家畜饲料，历史久远。蚕豆不仅蛋白质含量较高，而且含有的氨基酸种类齐全，蛋白质消化率高达80.14%，显著高出小麦、青稞、马铃薯、玉米等。按每千克可消化蛋白量来说，蚕豆高达226克，分别相当于小麦的2.76倍、青稞的3倍、马铃薯的4.8倍和玉米的5.5倍。将蚕豆与其他谷物饲料搭配,在配合饲料中增加蛋白质可以平衡氨基酸,通过互补强化营养,对提高畜禽饲料转化率具有重要的作用。所以,在鸡和猪的配合饲料中,都有蚕豆添加。

蚕豆茎叶质地柔嫩多汁,含有较多的蛋白质和脂肪,适于做家畜的青饲料。在蚕豆成熟前20天,采集顶端无荚部分茎叶,混合青贮喂猪效果甚好。除利用成熟后的茎、叶、秸秆外,将蚕豆直接作为青刈饲料利用价值也很大。蚕豆中小粒品种就适宜做青刈饲草种植,由于蚕豆具有很强的再生能力,可利用这一特性既收粮食又收饲草。蚕豆秸秆的营养成分显著高于谷物秸秆。据测定,蚕豆叶片干物质中粗蛋白含量可达16.5%,比玉米籽粒还高出62.2%。蚕豆秸秆的粗蛋白含量和每千克可消化蛋白量分别达到9.93%和57.6克,粗蛋白含量相当于小麦、玉米和油菜秸秆的2.5～3.3倍;而每千克中可消化蛋白量相当于麦秸的8.3倍、油菜秸的6.9倍和玉米秸的3倍。另外,蚕豆秸秆灰分中钙、磷元素也比麦秸高2～3倍,是牛、羊等反刍家畜的优质饲草,尤其对需钙较多的母畜更为适宜。

二 蚕豆的生物学特性

蚕豆从播种到成熟的全生育过程可分为出苗期、分枝期、现蕾期、开花期、结荚期和鼓粒成熟期。各生育期的天数因品种、温度、日照、水分、土壤养分和播种时期的不同而有差别。不同生育期有不同的特点,对生态条件有不同的要求。认识和利用这些特点对促进蚕豆向着丰产方向发展具有重要意义。

1. 出苗期

蚕豆的籽粒大,种皮厚,吸水较难,发芽时需水较多,所以蚕豆出苗的时间比其他豆类作物要长一些，一般需8～14天。在土壤湿度适中的条件下，温度是影响出苗天数的主要因素。蚕豆种子萌芽，首先下胚轴的根原分生组织发育成初生根，突破种皮伸入土中，成为主根。初生根伸出以后，胚芽突破种皮，上胚轴向上生长，长出茎、叶，一般茎叶露出土面2厘米时称为出苗，田间80%的植株出苗时为出苗期。

2.分枝期

蚕豆幼苗一般在长出2.5～3片复叶时发生分枝。当分枝长至2厘米时计为一个分枝。田间80%的植株发生分枝时为分枝期。分枝发生的早迟受温度影响最大，在南方秋播区，日夜平均温度在12 ℃以上时，出苗到分枝为8～12天，随着温度的下降，分枝的发生逐步减慢。在江苏、浙江一带，蚕豆11月底进入分枝盛期，到12月下旬达到高峰期，翌年3月中旬开始自然衰老。蚕豆分枝能不能开花及开花结荚的多少，主要决定于分枝发生的早迟和长势的强弱，另外还与土壤肥力、密度、品种和栽培管理等有关。一般早发生的分枝长势强，积累的养分多，大都能开花结荚，成为有效枝；后发生的分枝常因营养不良、生长势弱而自然衰亡，或不能开花结荚。利用蚕豆分枝的这一特性，适时播种，施足基肥，加强越冬培土，促早发，保冬枝，是蚕豆的高产基础。

3.现蕾期

蚕豆现蕾是指主茎顶端已分化出花蕾，并为2～3片心叶遮盖，揭开心叶能明显见到花蕾。田间80%的植株有能目辨的花蕾出现时为现蕾期。蚕豆现蕾期早晚因品种和气候条件而不同。蚕豆现蕾时的植株高度因品种和播种时间、栽培条件的不同而有差异。现蕾期植株高度对产量影响很大，植株过高会造成荫蔽，导致花荚脱落多，甚至引起后期倒伏，产量不高。生长不良导致植株过矮就现蕾，不能形成足够的营养生长量，产量也不高。据江苏省的生产经验，现蕾期蚕豆营养生长要求：春分前后自然高度25厘米左右，早期分枝茎粗达0.7厘米，普遍开始开花，茎秆粗壮挺直。蚕豆现蕾期是干物质形成和积累较多的时期，也是蚕豆营养生长和生殖生长并进的时期，这时需要有一定的生长量，但又不能过旺。因此要协调生长与发育的关系。对生长不良的要促，对水肥条件好、长势过旺的要控，防止过早封行，影响花荚形成。在有条件进行精耕细作的情况下，需要进行整枝，并对密度太大的田块适当间苗，改善通风透光条件，促进茎秆健壮，以防倒伏。

4.开花、结荚期

蚕豆开花、结荚并进，其开花期可长达50～60天。蚕豆植株出现花朵旗瓣展开时为开花，田间30%的植株开花时为始花期，50%的植株开花为开花期，80%的植株开花时为盛花期。植株出现2厘米幼荚时为结荚，50%的植株结荚时为结荚期。从始花到豆荚出现是蚕豆生长发育最旺盛的时期。这个时期，在茎叶生长的同时，茎叶内贮藏的营养物质又要大量地向花荚输送，此时期需要土壤水分和养分充足，光照条件好，叶片的同化作用能正常进行，这样才能有足够的营养物质同时保证花荚的大量形成和茎叶的继续生长，促进开花多、成荚多、落花落荚少，这是蚕豆能否高产的重要条件。因此，这时要加强田间管理，灌好花荚水，适施花荚肥，整枝打顶，以调节蚕豆内部养分和水分的供给，改善群体内部通风透光条件，以及防止晚霜冻害、干旱或后期涝渍等，这些都很重要。

5.鼓粒成熟期

蚕豆花朵凋谢以后，幼荚开始伸长，荚内的种子也开始膨大。随着种子的发育，荚果向宽厚增大，籽粒逐渐鼓起，种子的充实过程称为鼓粒期。蚕豆植株80%的荚果呈现黄褐色的时期为成熟期。从鼓粒到成熟阶段是蚕豆种子形成的重要时期。这个时期发育是否正常，将决定每荚粒数的多少和百粒重的高低。鼓粒期缺水会使百粒重降低，并增加秕粒，降低产量和质量。为了保证养分的积累，必须加强以养根保叶、通风透光和防止早衰为中心的田间管理工作。长江下游地区成熟期一般在5月下旬至6月上旬，这时阴雨天多，应注意抢晴收获，及时晒干，防止霉变。

第二节　蚕豆新品种

1.通蚕鲜6号

【品种来源】江苏沿江地区农业科学研究所育成。

【特征特性】鲜食大粒中熟品种。花浅紫色，鲜荚长10.6厘米、宽2.8厘米，鲜籽粒长3.0厘米、宽2.2厘米，单荚鲜重20～25克，百粒重411克。成熟荚黑色，硬荚，单荚粒数为2.0粒。干籽粒扁圆形，种皮浅紫色，黑脐，百粒重195克。粗蛋白含量为30.2%，淀粉含量为51.8%。

【利用价值】鲜食蚕豆，粒大、皮薄，低单宁，品质优良，清炒、煮食酥烂易起沙，口味清香。可速冻加工。

2.通蚕鲜7号

【品种来源】江苏沿江地区农业科学研究所育成。

【特征特性】鲜食大粒中熟品种。花浅紫色，鲜荚长11.8厘米、宽2.6厘米，鲜籽粒长3.0厘米、宽2.2厘米。单荚鲜重25～42克，百粒重410克。成熟荚黑色，硬荚，单荚粒数为2.3粒。干籽粒扁圆形，种皮浅绿色，黑脐，百粒重205克。粗蛋白含量为30.5%，淀粉含量为53.8%。

【利用价值】鲜食蚕豆，粒大、皮薄，低单宁，品质优良，口味清香。可速冻加工。

3.通蚕鲜8号

【品种来源】江苏沿江地区农业科学研究所育成。

【特征特性】鲜食大粒中熟品种。花浅紫色，鲜荚长11.3厘米、宽2.6厘米，鲜籽粒长2.8厘米、宽2.1厘米。单荚鲜重23～35克，百粒重420克。成熟荚黑色，硬荚，单荚粒数为2.1粒。干籽粒扁圆形，种皮浅褐色，黑脐，百粒重195克。粗蛋白含量为27.9%，淀粉含量为48.6%。

【利用价值】鲜食蚕豆，粒大、皮薄，低单宁，品质优良，口味清香。可速冻加工。

4. 苏蚕豆2号

【品种来源】江苏省农业科学院育成。

【特征特性】鲜食大粒中熟品种。花浅紫色，鲜荚长9.0厘米、宽2.0厘米，百粒重265克。

【利用价值】鲜籽粒口感香甜，品质优良。可鲜荚上市或速冻加工。

5. 皖蚕1号

【品种来源】安徽省农业科学院作物研究所育成。

【特征特性】鲜食大粒中熟品种。花紫色，鲜荚长8.7厘米、宽2.2厘米，粒青绿色，籽粒饱满，鲜籽粒百粒重387克。干籽粒扁圆形，种皮绿色，黑脐，百粒重124克。粗蛋白含量为28.6%，淀粉含量为50.4%。

【利用价值】粒大、皮薄，粒色鲜艳，品质优良，适于鲜食和干籽粒食用。

6. 成胡15号

【品种来源】四川省农业科学院作物研究所育成。

【特征特性】鲜食中熟品种。花紫色，鲜荚长7厘米、宽3厘米。成熟荚黑色，硬荚，单荚粒数为2.5粒。干籽粒窄厚形，种皮浅绿色，黑脐，百粒重90克。粗蛋白含量为30.7%。

【利用价值】种皮薄，食味好，可粮菜兼用。

7. 陵西一寸

【品种来源】青海省农林科学院作物研究所育成。

【特征特性】鲜食大粒中早熟品种。花白色，鲜荚长15厘米、宽4厘米，鲜籽粒长3.5厘米、宽2.8厘米。成熟荚黑色，硬荚，单荚粒数为2.0粒，干籽粒阔薄形，种皮浅绿色，黑脐，百粒重195克。粗蛋白含量为28.8%，淀粉含量为46.2%。

【利用价值】鲜荚保鲜和鲜粒速冻。

8. 日本大白皮

【品种来源】江苏沿江地区农业科学研究所育成。

【特征特性】鲜食大粒中熟品种。花紫色，鲜荚长10.6厘米、宽2.7厘米，鲜籽百粒重395克。干籽粒扁圆形，种皮白色，黑脐，百粒重175克。

【利用价值】鲜荚保鲜和鲜粒速冻。

9. 涡阳大青片

【品种来源】安徽省农业科学院作物研究所育成。

【特征特性】晚熟品种。花紫色，硬荚，粒形厚，种皮绿色，黑脐，百粒重126克。粗蛋白含量为28.6%，淀粉含量为50.4%。

【利用价值】粮饲兼用。

10. 启豆2号

【品种来源】江苏省启东市蚕豆试验站育成。

【特征特性】晚熟品种。花白色带淡红色，硬荚，粒形中厚、椭圆形，种皮绿色，黑脐，百粒重80克。粗蛋白含量为27.1%。

【利用价值】粮饲兼用。

第三节　蚕豆栽培技术

一 蚕豆栽培的生态条件

1.土壤

蚕豆对土壤条件的要求不太严格，但为了获得高产，应选择土层深厚、肥沃和排水良好的土壤，以黏土、粉沙土或重壤土为最好，适宜的土壤pH为6～7，最好为6.5。蚕豆能忍受的pH最低为4.5，最高为8.3，若pH在5.5以下，则蚕豆易受害。蚕豆不耐水涝和盐土，但不同品种对土壤类型的要求有所不同，如南方大粒型品种多适宜在沿海棉麻种植区旱地栽培，而中小粒型品种多适宜在水稻区种植。蚕豆较耐碱性，因为碱性土壤可以促进土壤微生物的活动。特别是根瘤菌，能耐pH高达9.5的碱性土壤，在微碱性条件下活动旺盛，而在过酸的土壤中则发育不良，甚至死亡。

2.水分

蚕豆对水分的要求较高，不耐干旱，一生都需要湿润的条件，是不耐旱的豆类作物之一。土壤水分状况对蚕豆的生长和产量影响很大。蚕豆对水分的要求，在不同的生育期是不同的。

种子萌发时期要求土壤有较多水分，以满足种子吸涨的需要。因为蚕豆种子大，种皮厚，种子内蛋白质含量高，膨胀性大，必须吸收相当于种子本身重量110%～120%的水分才能发芽。如果土壤水分不足，则出苗延迟甚至不出苗。因此，蚕豆必须在土壤湿度适宜时播种，以利于出苗，但湿度过大也易发生烂种现象。

蚕豆幼苗时期较耐旱，这时地上部生长缓慢，根系生长较快，如果土壤水分偏多，往往根系分布较浅，特别是地下水位高的地方，田里积水，土温低，土壤通透性差，幼根吸收养分的功能衰退，易被病菌侵入，造成烂根死苗。因此，要及时开沟排水，适时锄草，控制土壤水分，促使根系向下发展，使地上部矮健，达到蹲苗的目的。这是蚕豆高产的标准长相。

从现蕾开花起，蚕豆植株生长加快，需水量逐步增大，开花期是蚕豆对水分要求的临界期，如果这时土壤水分不足，则会由于受旱而授粉不好和败育，落花落荚增多，成荚率低，造成减产。

从结荚开始到鼓粒期仍需较多水分，以保证籽粒发育，如果这时缺水，就会造成幼荚脱落和秕粒、秕荚。

成熟前要求水分较少，此时气温高、光照足，能增强后期光合效率，促进籽粒充实。

但是开花结荚期水分过多也不好，尤其是长期阴雨，降水量过多，会导致授粉不良和花荚脱落。

3.温度

蚕豆基本上属于亚热带和温带作物，生育期间温度以18～27 ℃为最好。蚕豆喜温暖湿润的气候，不耐暑热，耐寒力比大麦、小麦和豌豆弱，特别是在花荚形成期，尤其不耐低温。蚕豆在不同生育阶段对温度的要求和抵抗低温的能力是不同的。蚕豆发芽最低温度为3～4 ℃，适温为16 ℃，最高温度为30～35 ℃。出苗适温为9～12 ℃，营养器官的形成在14 ℃左右。进入花芽期后就需要较高的温度了，尤其是开花结荚期对温度的要求更高，开花期最适温度为16～20 ℃，超过27 ℃时授粉不良；结荚期最适温度为16～22 ℃，这时对低温的反应最敏感，平均气温在10 ℃以下时花朵开放很少，13 ℃以上时开花增多。

4.光照

蚕豆是喜光的长日性作物，对光照条件比较敏感。整个生育期间都需要充足的阳光，尤其是花荚期，如果植株密度过大，株间互相遮光严重，花荚就会大量脱落。因此，栽培上除选用窄叶型品种外，采用宽窄行播种、合理施肥以及整枝打顶等技术，创造合理的群体结构，使蚕豆植株间透光良好，提高光合作用，是实现蚕豆高产的重要措施。

5.矿质元素

蚕豆从土壤中吸收最多的营养元素是氮、磷、钾、钙，为了保证蚕豆正常生长发育，还需吸收钠、镁、锰、铁、硫、硅、氯、硼、钼、钴、铜等元素。缺乏碘、硼、锰、锌、钼、铜、钴、铁，会分别表现出明显的相应元素缺乏症状，主要表现为叶片受损程度，叶片上坏死斑形状、颜色以及大小不同等。

6.固氮环境

豆科植物通常可以有两种途径获得氮素：一种是通过根部吸收土壤中的硝酸盐；一种是通过根瘤菌固定空气中的氮。为了节约土壤中的氮素和肥料，增加固氮部分和减少吸收部分是很重要的。需要注意的是，当土壤中具有可吸收氮素时，植株会优先选择吸收而减少固氮，所以追施氮肥会减少固氮。对于部分豆类作物，如菜豆和花生，追施氮肥可以增产；但对于另一些豆类，追施氮肥则增产很少或不增产，蚕豆就属于这一类型。

共生固氮要求一些必备的条件来促进固氮作用：

(1)良好的土壤结构(土壤通气性，以便得到足够的空气)；

(2)不缺钼和硼；

(3)土壤中含有少量的氮化物；

(4)有足够数量的特定根瘤菌种；

(5)有利于植株生长的条件(气候、耕作技术、适宜品种、无病虫害等)。

蚕豆对根瘤菌种的特异性不强,很容易同许多根瘤菌种形成固氮根瘤。

7.蚕豆落花落荚的原因

引起蚕豆落花落荚的原因很多,而且关系非常复杂,但其主要原因可归纳为两个方面:一是蚕豆自身的生理特点,落花落荚是蚕豆的不同器官在生长发育过程中竞争营养,最终达到自动平衡的结果;二是不良环境条件和粗放的栽培管理所致。

蚕豆具有无限生长习性,茎尖(顶芽)不断地生长,直至荚果成熟才停止,在这一过程中,生殖生长与营养生长同步进行,共进期在60~120天。这个时期,生殖器官的蕾、花、荚不断分化发育,根、茎、叶等营养器官仍迅速生长,而茎尖在植株体内养分的吸收和分配上始终占主要地位,致使下部花荚养分缺乏,植株只能通过减少花荚总数,来保证剩余花荚的养分集中供应。上部营养生长对下部生殖生长的竞争作用大,限制了大部分花荚的结实发育,适时打顶可增加蚕豆的结荚率,提高产量。

在环境因素中,光、温、水、肥等都能对蚕豆花荚脱落产生极为复杂的影响:播种密度过大,或间套作物不当,可导致植株因分枝之间光照条件变差而徒长,花荚脱落率提高;土质差,肥力不足,养分供应跟不上,也会导致花荚脱落率增加;而一些灾害性气候,如低温、霜冻、干旱、连日阴雨,更会导致冻害和授粉不良,直接引起花荚大量脱落。尤其是蚕豆在开花结荚期如遇水分不足或过多,其花荚脱落更多,农谚的“干花湿荚”说的就是这个道理。

二 栽培技术要点

1.品种及种子质量

蚕豆的适应性较为狭窄，对土壤、气候等生态条件的要求比较严格，因地制宜地选用良种是获得高产的第一步。要考虑品种的耐湿抗旱能力、在当地气候条件下的熟性、适宜的土壤肥力及酸碱度等。例如，秋播蚕豆生长期间，长江中下游沿岸降水充沛的蚕豆产区应选择“启豆2号”、“通蚕鲜6号”一类耐湿品种。

反映种子质量的指标主要为发芽率和生活力，以及纯度等。发芽率和生活力关乎成苗的质量和数量，纯度影响植株群体长势和产品质量。使用从种子公司购买的标准种子，在质量上会比较可靠些，这些种子一般已经过包衣，无须再进行处理。如果使用在农贸市场零售及自留的种子，精选种子并进行种子处理十分重要。蚕豆种子大，在其发芽、出苗及幼苗生长的一段时间里，主要依赖子叶供给养分。选用成熟度高、籽粒饱满、无病虫的种子是保证全苗、壮苗的基础。种子处理主要包括晒种、浸种和拌种：播前在阳光下露晒1～2天；用钼酸铵浸种，有利于促进根瘤菌共生和发育；在土壤湿度过大、根茎病害常发的地块，可选用药剂拌种（按所购药品的说明书中规定的标准计量和方法使用）。

2.播种期

这是一个与种植地气候条件高度互作的问题，温度是决定播种期的主要因素，要因地制宜地选择各地最适宜的播种期。例如，安徽省秋播区适宜播种期在10月上旬至下旬。播种过早，苗期气温高，易导致幼苗徒长，分枝减少；播种过迟，气温低导致出苗时间延长，冬前分枝减少，均不利于形成壮苗。所以，最适宜的播种期应根据当地气温而定，以生殖生长期避开低温冻害为前提来确定播种期。

3. 种植密度

合理密植是通过协调群体与个体生长，充分利用光能、空气和肥水条件，协调好单位面积上的分枝数、单枝结荚数、单荚粒数及粒重而获得高产。种植过稀，群体总量小，产量不高；种植过密，植株间叶冠过多重叠造成荫蔽，光照不足，单株生长发育不良，荚数和粒数下降，也难以获得高产。单位面积上的有效枝数是获得高产的基础。种植密度应根据品种株型、土壤肥水条件、播种时期等综合考虑，在保证有效枝总数的前提下，促荚增粒重。

4. 施肥

蚕豆是固氮能力较强的豆科植物，因此施肥作用效应的关键点之一就是促进其根瘤菌生长发育，从而提高固氮量、有利于植株氮代谢，进而促进生长及产量结构协调发展。在这个前提下，蚕豆肥料供给的重要性由主到次依次为钾肥、磷肥、微肥（钼肥、硼肥）、氮肥。

（1）钾肥。施用钾肥的效果因土壤中钾的供给状况不同而各异，一般土壤耕作层中有效钾的含量低于25千克/亩时，施用钾肥增产效果显著。施用方法为苗期追施50%硫酸钾10～15千克/亩，点施于近根部；花期用磷酸二氢钾进行根外喷施。

（2）磷肥。蚕豆对磷十分敏感，固氮活动中磷是不可缺少的元素，由于磷容易被土壤固定而使植株难以吸收，一般情况下栽培蚕豆都需要施磷肥。磷肥多作为基肥使用，可在整地和播种时施入，通常选用（普通）过磷酸钙30～40千克/亩，可同时对土壤补充钙。

（3）微肥（钼肥、硼肥）。钼能促进酶活动，增强固氮能力，改善氮代谢；钼还具有增强种子活力，提高种子发芽率和发芽势，促进植株对磷的吸收的作用。用钼酸铵浸种（浓度为0.1%，常温下浸种8～12小时）较为简便有效。缺硼时蚕豆根的维管束通到根瘤的纤维组织发育不良，导致根瘤因缺少足够的碳水化合物而减少，固氮能力下降。由于硼肥的作用效应必须在日照较长的条件下才能表现出来，因此采用花荚期喷施硼肥（所施硼砂浓度为0.3%）的效果显著。

（4）氮肥。为了充分发挥根瘤菌的固氮作用，一般情况下蚕豆在全生育期间不提倡施用氮肥。通常，生长发育正常的蚕豆植株的固氮量足以满足其自身的氮代谢需要。如果由于其他原因导致大田植株群体生长不良、根瘤菌发育较差，可以适量施用氮肥，以尿素施用量不超过7千克/亩为宜。

5. 田间管理

田间管理主要包括水管理和病、虫、草害控制。蚕豆属于对干旱和洪涝的承受力较差的作物，花期是蚕豆的“水分临界期”，水分不足或水分供给过量都将严重影响蚕豆生长。各生育期适宜的土壤含水量分别是：播种期18%，苗期18%～19%，现蕾期19%～20%，开花期20%～21%，结荚期19%～20%。及时排灌对蚕豆获得高产十分重要。中耕除草和根际培土对蚕豆生育中后期的杂草控制、土壤通气条件改善极其有效，可在花期前进行1～2次。蚕豆是大田生产作物，从轻简化栽培的角度出发一般不考虑进行整枝打顶，但为了下茬栽种节令的需要，通过打顶抑制生长，对提早成熟收获是有效的。

三 秋播蚕豆丰产栽培技术

1. 区域特点

秋播蚕豆出苗后即进入冬季低温时期，苗期有2个多月的缓慢生长期；生育中后期面临降水量较大的天气状况，叶部病害的发生率高；蚕豆的全生育期历时较长。

2.品种选择

选择冬性较强的品种，以保证苗期有较强的抗冻性，越冬后幼苗的恢复力较强；同时，应选择耐湿及对赤斑病等叶部病害有较强抗耐性的品种。推荐采用“通蚕”系列、“成胡”系列、“皖蚕1号”等品种及传统地方优良品种（“海门大青皮”“五河大白皮”“陵西一寸”“监利小蚕豆”等）。根据种植生产的目的、地块的区域特点，选择不同品质、抗性、熟性及株型结构等适用性状的品种。不能选用春性品种。

3.栽培技术

（1）整地。选择轮作3年以上的地块（蚕豆生长期间降水量高，土壤里的病原基数会保持较高水平，连作容易导致病害大量发生）。整地前施入农家肥（2～3吨/亩）和过磷酸钙（30千克/亩），之后根据前作和间作、套种情况进行翻犁或旋耕，开沟做畦、起垄，畦宽和沟深根据地块的给排水条件和间作、套种种植结构而定，一般沟深20～30厘米，畦宽1～3米。

（2）种子精选及处理。精选无病斑、无破损、籽粒饱满的种子，播种前晒种1～2天。用钼酸铵和杀菌剂浸种或拌种（按所购药品的说明书中规定标准剂量和方法使用）。不过，若是购买种子公司生产包装的标准化包衣种子，就不需要再进行种子处理了。

（3）播种期及播种方法。播种期要根据气候条件和茬口决定，主要的限制因素是温度。以10月中下旬为宜，过早播种，植株生长过嫩易受寒害；延迟播种，由于前期生长时间短，不利于蚕豆早发。在适宜的播期范围内，适当早播对获得蚕豆高产有利：一是有利于及时出苗，确保冬发，使得蚕豆苗茎秆粗壮；二是可使蚕豆在冬前形成较为发达的根系，根瘤数多，春后分枝就较粗壮，并有利于增加有效分枝；三是可使蚕豆在比较适宜的气候条件下进入开花结荚盛期，有利于提高结荚率，形成较多的有效花荚；四是可使开花结荚提早，有更长的灌浆期，从而有利于提高粒重。

播种可采用机械或人工，有打穴点播和开行点播两种方式。播种深度以3～5厘米为宜，沙土稍深，黏土、壤土稍浅。播种过深，子叶节上分枝退化，分枝节埋在土中，分枝减少。因此，适当浅播与深播相比，有效分枝可增加15%左右。

（4）合理密植。蚕豆种植行株距要根据地区气候特点、土壤肥力、茬口类型和品种特性等来确定。大粒型品种可适当降低密度，用种量根据种子大小按播种规格计算。

（5）施肥。蚕豆的施肥应遵循“重施基肥、增施磷肥、看苗施氮、分次追肥”的原则。整地时已施入足量的农家肥和磷肥的地块，在苗期追施钾肥即可（在豆苗2.5～3苔叶期施硫酸钾10～15千克/亩，不施或慎施氮素肥料）。整地时未施入足量基肥的地块，苗期可追施复合肥[复合肥（15-15-15）用量按20千克/亩计算]。在开花结荚期还可根外追施钼肥、硼肥（浓度为0.05%，在始花期、盛花期各喷1次），可以获得良好的增产效果；花荚期，可用磷酸二氢钾+甲壳素（按0.2～0.5千克/亩纯品计算用量）进行叶面喷施，对预防叶部病害、延长叶片功能期效果明显。

（6）排水灌水。维持出苗期、花荚期的土壤墒情处于良好的状态是十分重要的，在这两个重要的需水时期，供水过多或者供水不足都将严重影响蚕豆的产量。

（7）病虫害防治。全生育期间的根茎病害及生育中后期的叶斑病（赤斑病、褐斑病）是常发病害，应注意监测，及时防治。

（8）采收。收干籽粒，以植株大部分荚变成褐黄色为佳；收鲜荚，以豆荚充分鼓粒，荚色保持青绿为最佳采收期（荚面微凸或荚背筋刚刚明显褐变，豆荚开始下垂，种子已肥大，但种皮尚未硬化时收获，分2～4次采摘）。

4.高产高效栽培的配套管理措施

1)中耕除草

通过中耕除草除去杂草及病枝残叶,可改善蚕豆根际生态环境,对蚕豆的生长有良好的作用。蚕豆的生育期较长,一生中需进行多次中耕除草。结合查苗补苗进行第一次中耕,及时疏密去弱、减轻荫蔽、去除杂草,促进分枝健壮生长。特别是枯死后的植株往往成为发病中心,应及时除去。冬至前后进行第二次中耕,清沟培土防冻,确保蚕豆安全越冬。开花前进行第三次中耕,并在根际培土,以防后期倒伏,促进根系生长。蚕豆分枝性很强,但生育后期的分枝多为无效分枝,易造成田间郁闭,消耗养分,并影响有效茎的开花结荚。因此,应结合中耕培土去除过多的无效分枝芽,促使养分集中输送给有效分枝。

2)整枝摘心

蚕豆通过整枝摘心,及时进行植株调整,改善群体结构,改善通风透光条件,使有效分枝健壮生长,促进壮秆、多结荚。此外,通过整枝摘心,还可以调整植株内部养分的合理分配,改善蕾、花、荚的营养物质供给等。但是,对于植株生长不旺、种植密度不大、土壤肥力不足的蚕豆,则不宜整枝摘心。

(1)摘心。苗期摘心后体内养分向侧枝转移,促进分枝早发,茎枝粗壮,不徒长。最好在晴天露水干后摘心,以免雨水进入茎秆引起腐烂。打去的顶尖不宜过多,要留3~4片复叶,以便尽可能多地保留叶片进行光合作用。

(2)整枝。蚕豆发生早的分枝多为有效分枝,发生迟的分枝为无效分枝。迟发的无效分枝不仅不能结荚,反而造成郁闭,争光争肥,影响有效分枝的生长。因此,通过整枝及时剔除无效分枝和弱枝,能促使有效分枝形成壮枝,增加产量。在蚕豆生育期,一般需剔除无效分枝和弱枝

2～3次，一般剔除第三分枝以后的分枝。当然，是否去除无效分枝和弱枝还要根据田间群体具体生长的情况而定。一般在播种较密、生长茂盛的情况下，整枝增产效果好；相反，在播种较稀、群体不大的情况下，整枝增产效果较差，甚至不增产。

（3）打顶。有的地方也叫打尖、摘心。一般是在蚕豆开花结荚后期将茎枝顶心摘除。蚕豆顶部的花多为不孕花，消耗养分，影响中下部结荚。打顶对后期生长发育、提高产量有良好的作用。打顶时期应根据各地的自然气候条件、不孕花出现的时期等因素决定。一般情况下，当日平均气温高于15 ℃，早播的蚕豆出现6～7片复叶、晚播的蚕豆出现5～6片复叶时，会出现无效花簇，以此时打顶为宜。过早打顶会降低成荚率和百粒重，对产量不利。同时，植株上部叶片有一定的防霜作用，过早打顶也易导致加重霜的危害。打顶方法是摘去茎顶3～6厘米长为宜，打顶原则：打晴（天）不打阴，防止阴雨天伤口霉烂；打小（叶）不打大，打实（茎）不打空，打蕾不打花，以达到控制旺长、防止倒伏、提早成熟、提高产量的目的。

四　鲜食蚕豆主要高效种植模式

1."蚕豆/西瓜/夏玉米-秋玉米/秋毛豆"

采用420厘米组合（组合比140∶140∶140）。蚕豆在10月中下旬播种于两侧的各140厘米的播幅中，穴距25～30厘米，每亩播种2 000株左右，次年5月中旬收获蚕豆青荚；西瓜于3月中下旬采用营养钵小拱棚双膜覆盖育苗，每钵单株，4月中下旬移栽到中间的140厘米播幅中，株距35厘米；夏玉米于5月上旬点播于西瓜行两侧，行距60厘米，株距30厘米，每穴播2～3粒，留苗1～2株，秋玉米于7月下旬至8月上旬直播入大田，行距70厘米，株距25厘米，密度在5 500株/亩左右；秋毛豆于8月上旬点播于秋玉米行间，行距40厘米，株距14厘米，密度在6 000株/亩左右。秋玉米和秋毛豆均在10月中下旬采收。

2."蚕豆+冬菜/春玉米-鲜食大豆"

采用420厘米组合(组合比140:140:140)。蚕豆于10月中下旬播种于两侧的各140厘米的播幅中，行距50厘米，穴距25～30厘米，密度在5 000株/亩左右；冬菜于9月下旬至10月上旬育苗，10月中旬至11月上旬移栽间种于中间140厘米播幅的空行中，每组合种植5行，株距25～30厘米，每亩移栽3 200株左右，于翌年春季收获；春玉米于4月上中旬套种于鲜食蚕豆两边的空幅及冬菜收获的空幅中，每组合播种6行，行距70厘米，株距30厘米，每穴播2～3粒，每亩播种4 500株左右，玉米青穗于7月上中旬采收；鲜食大豆于7月下旬条播，行距40厘米，株距15厘米，每亩播种1.1万株左右，于11月上旬收获。

3."鲜食蚕豆/鲜食玉米/鲜食大豆"

采用133厘米组合，鲜食蚕豆于10月中下旬播种，行距133厘米，穴距25厘米，每穴播2～3粒，定苗2株，每亩播种4 000株左右，蚕豆青荚于翌年5月中旬收获；鲜食玉米于3月底4月初在鲜食蚕豆中间套种两行，行距40厘米，株距25厘米，每穴播2粒，每亩播种2 000穴(4 000株)左右，玉米青穗于7月中旬收获；鲜食大豆于6月中旬在鲜食玉米中间套种两行，行距50厘米，株距16厘米，每穴播2粒，留健苗1株，每亩留苗6 000株左右，9月中下旬收获大豆青荚。

4."鲜食蚕豆-鲜食大豆-秋豌豆"

鲜食蚕豆于10月中下旬播种，行距80厘米，穴距25厘米，每穴播种3粒，定苗2株，每亩定苗6 600株左右，次年5月中旬收获蚕豆青荚；鲜食大豆于5月下旬至6月中旬播种，行距60厘米，株距15厘米，每穴播2粒，留健苗1株，每亩留苗7 400株左右，9月中旬收获大豆青荚；秋豌豆于9

月中旬播种，开沟条播，行距25～35厘米，每米播种36粒左右，每亩定苗5万株左右，11月中下旬收获豌豆青荚。

5.鲜食蚕豆主要种植模式栽培技术要点

播前耕翻土壤20厘米，结合耕翻，整地做畦，开好田间一套沟。一般每亩施优质农家肥1 000～1 500千克、45%三元复合肥15千克或20千克做基肥，视苗情长势，盛花期每亩追施尿素5～10千克。2月底3月初进行整枝定苗，去除无效分枝，每穴留有效分枝4～6个，3月下旬至4月上中旬注意防治蚕豆赤斑病，生长过程中及时防治蚜虫。

五 鲜食蚕豆大棚高产栽培技术

1.选地建棚

蚕豆大棚选址要求土层深厚，土壤中有机质含量最好在1.5%以上，且为排水良好的黏壤土或砂壤土。拱棚的长和宽要因地因材料而异，一般棚宽6～8米，高2.5米左右，以利于田间操作。棚膜以白色为好，能在增加有效积温的同时增加透光性，棚边采用裙膜以便于通风透气。蚕豆喜温暖湿润气候，不耐高温，对光照较为敏感，在栽培过程中如密度过大，会相互遮阳导致光照不足而引起病虫害加重、结荚率降低，因此大棚蚕豆栽培密度要比露地稀。

2.播种

大棚蚕豆的播种期可适当提早，比露地提早5～10天，正常茬口安排在10月中下旬，最迟不晚于11月5日；不能正常腾茬的田块，可采用芽苗移栽，成活率在98%以上。播种前晒土灭菌后施足基肥（每亩施用有机肥或腐熟农家肥2～3吨+过磷酸钙30千克）。可选择垄作或平作，种植密度控制在4 000株/亩左右。当蚕豆植株安全通过春化阶段后日平均气温在8 ℃以下时及时上膜，为防土传苗期真菌病害，盖膜时间可推迟到气温降至最低温度0 ℃左右。适宜大棚种植的蚕豆品种有“日本大白皮”“通蚕鲜6号”“通蚕鲜7号”“通蚕鲜8号”“陵西一寸”等。

3. 肥水管理

大棚覆盖条件下，在低温全关闭时段，蚕豆苗期会处于土壤和空气湿度较高的环境中（湿度相对较高，湿度变化幅度为80%~98%），要适当拓宽棚外排水沟系（沟宽与沟深分别达30厘米与40厘米），注意通风降湿，中、大雨量时要防止棚外脚沟内滞留的水渗透入棚。生育中后期，由于生长势旺，大棚蚕豆需水量较露地蚕豆大；棚内温度高，水分蒸发量大，容易造成蚕豆失水过快，植株萎蔫。因此，苗期田间持水量保持在70%左右，开花结荚期保持在80%左右，应及时排灌。注意，灌溉时应采用沟灌暗渗，切莫满灌。在施足基肥的情况下，盛花期结合品种特性和田间长势可施用复合肥20千克/亩左右。大棚蚕豆易发生的病虫害为赤斑病、褐斑病、蚕豆病毒病和蚜虫，要注意及早防治。

4. 温、湿度调控

依据棚内温湿度计数据，目测雾气大小，结合天气预报及进棚感觉等，合理关闭或开启裙膜。上膜后要注意棚内的温度，最好不要超过25 ℃，并要注意经常换气通风，防止徒长。开花结荚期适温为15~22 ℃，10 ℃时开花甚少，而气温过高将造成花粉败育，导致只开花不结荚。

（1）24小时全关闭。①天气低温阴雨或低温冷风，尤其寒潮和冻雨雪期间；②天气预报最高温度在4 ℃以下；③11月上旬蚕豆迟播未出苗阶段。

（2）部分开启。白天开启4~9小时，白天余下时间和夜间全关闭。①当棚内有较多雾气，形成水滴，就需开启一侧门通风降湿，同时根据棚内温、湿度和风力大小决定开门大小和开门时间。②一般当多云或晴好天气，最高温度在5 ℃以上，就需开一侧门；当天气预报最低温度为5～6 ℃，最高温度在13 ℃以上，风力4级以下的晴好天气同时开两侧门。③一般9:00—10:00棚内温度在16～20 ℃，于9:30—15:30开启一侧门通风，关闭时棚内温度18 ℃左右；当8:00棚内温度为18～22 ℃，就需开两侧门，开门时间宜在8:00—17:00。

（3）全开启。当日平均温度稳定超过12 ℃，可免查棚内温度，直接全天开启两侧门通风。当棚内气温超过30 ℃，或达到“里外持平”程度，须增开裙膜和夜间全开启通风。此外，若遇大风大雨，大棚要临时关闭，“雨过天晴”立即全开启通风。

5. 调控株型

为了控制鲜食蚕豆的生长、降低结荚部位、提高成荚率、提早上市，做好摘心打顶、调控株型的工作至关重要。具体要求：在降低棚内湿度的前提下，在主茎复叶达到4龄时，要及时摘心去除主茎，以促进分枝发生，越冬后要及时除去小分枝，每株留5～6个健壮大分枝，并引导分枝朝两侧分开生长，以利于通风透光，并在开花前再次摘除无效分枝，在果荚开始膨大时，结荚分枝下部有1～2个小荚时打顶，以促进已留果荚的形成和膨大。通过打顶，每亩可增产鲜荚100～150千克，增产15%左右。

6. 采收

鲜食蚕豆一般在4月中下旬陆续采收上市，从外观上看，豆荚浓绿、豆粒饱满、种脐由无色转黑、荚略微朝下倾斜是采摘鲜豆的最佳时期。若鲜豆采摘过早，则豆粒饱满度差，商品性差。如为赶时鲜上市以获取最大利润，也可适当提前采收。

第四节 蚕豆的收贮

一 干蚕豆的收贮

1.干蚕豆采收

收获的时间和方法在很大程度上影响干蚕豆产量及其籽粒外观形态品质,导致出品率发生大幅度变化。

(1)时间。一般在植株80%的豆荚变黑褐色即可收割。收割过早,荚果成熟度不好,影响籽粒饱满度而导致产量、形态品质下降;收割过晚,豆荚太干容易出现裂荚落粒而造成产量损失。同时,尽量选择没有明显降雨的天气进行采收,以避免荚粒受潮霉变。

(2)促进后熟作用。由于在同一植株上的蚕豆荚成熟度不一致,采收蚕豆可考虑分段进行。割倒植株后放置于地里晾晒1～2天(于清晨植株回潮时捡拾搬运以减少落粒损失),从而保证一定的后熟作用,使植株上的荚粒成熟度更好,并让植株整株完全干燥,以便于脱粒操作。

(3)脱粒。蚕豆可采用人工敲打和脱粒机脱粒,使用脱粒机脱粒时要注意按籽粒大小选择孔径大小合适的筛板,并调整筛板与滚筒的间距,以避免籽粒被滚筒反复击打而造成破损。

(4)晾晒。脱粒后的籽粒尽快清洁并晾晒脱水,一般晴天摊晒2～3天(以手指用力加压豆粒会发出响声,这时籽粒水分含量一般在14%以下)即可入仓储藏。

2.入仓储藏

对于干蚕豆的储藏,在保证通风防止受潮霉变的同时,要严格控制仓储害虫的发生及防止籽粒种皮褐变。

(1)仓储豆象防控。第一,晒干籽粒,保证入仓籽粒的含水量低于13%;第二,清洁消毒仓库,选用干燥、阴凉、通风透气的房子做仓库,用20%的石灰水粉刷墙面以消灭豆象的虫卵和成虫,将各处缝隙封好后再把蚕豆籽粒入仓堆放,预留好放置熏蒸剂药片的位置(用药种类和方法参照豆象控制技术),施药后立即密封仓库并挂上告示牌注明"人畜不能靠近"等字样。农家收获的蚕豆少量储藏时,可用瓦坛或瓦缸等容器贮藏,坛和缸内的底部应放一些生石灰以吸收水分。容器不要装得太满,应留一定空间,以保证种子微弱呼吸。装好蚕豆的容器要用塑料薄膜将口封好,再盖上草纸和木板。

(2)"褐变"控制。蚕豆干籽粒若贮存不良,经一段时间储藏后,种皮会由乳白色或浅绿色逐渐变为浅褐色或黑褐色,这称为"褐变"。褐变后的豆粒口味变差,商品等级下降。褐变一般从合点和脐的侧面突起部分开始,先变为浅褐色,接着范围扩大,并逐渐变为褐色、深褐色乃至红色或黑褐色。蚕豆种皮褐变的原因是种皮内含有多酚氧化物质及酪氨酸,这些物质参与氧化反应导致了褐变。氧化反应速度与温度和pH有直接关系,还与光照、水分和虫害的影响有关。在温度40～44 ℃,pH为5.5左右时,氧化酶的活性最强;强光、水分多(13%以上)和虫害可使酶的活性加强,加快褐变。

减缓褐变的方法:一是蚕豆采收后带荚晒干或采用风干、晾干等方法干燥,切勿脱粒后在强光下暴晒,入库豆粒含水量以在13%以下为宜;二是存放环境应尽量保持干燥、密闭、低氧和避光、低温(5 ℃以下)等条件,可以降低褐变速度。

二 鲜蚕豆储运

1.鲜蚕豆采收

目前尚没有可应用的配套采收机械,完全采用人工作业。由于加工商对产品的品相要求不同,鲜豆荚的采收需要按收购商的要求严格操作。一般包括两种类型的采收商品:

第一种是鲜籽粒灌浆70%~80%时采收。此时蚕豆鼓粒在2/3左右,脐柄与种脐的连接还十分紧密,脐柄呈绿黄色不易脱落。收购商通常要求收购带脐柄的幼嫩籽粒,这类产品采收时应注意:①在荚色翠绿,刚现出断腰雏形时即进行采摘(品种间的成熟度不同,要仔细观察把握最佳采摘时间);②采摘后一天内完成荚壳的剥离,以保证豆粒新鲜,光泽亮丽;③剥离荚壳后的籽粒应立即浸泡于1%~3%的淡盐水中(注意浸泡时间不宜超过1小时,起到隔离空气、防止种皮褐变的作用),取出沥干水分后装入冷藏袋中(一般按每袋1千克的规格包装),封口后放入冷藏箱装运。

第二种是鲜籽粒灌浆90%以上时采收。此时籽粒的脐柄已经很容易脱落,种脐呈现浅黄绿色(多数收购商不接受种脐颜色变深的产品,因为这时鲜蚕豆籽粒的口味不佳),子叶保持鲜绿色。这一时期的产品有两种收购形式:其一是收购鲜豆米(剥去荚壳和种皮的籽粒),通常要求豆瓣(子叶)保持鲜绿色,籽粒上无伤痕,豆粒完整包被(豆瓣不分开);其二是收购豆荚,以带荚壳的形式直接进入储运。为满足这两种收购形式的要求,采收时要注意:①采收前的预处理要做好,一般在采收前10天,选用生物抑菌剂(如甲壳素等)对植株结荚部位进行均匀地喷雾处理,以起到消除病菌、清洁荚果的作用;②采收时期一定要把握好,在豆荚明显断腰、豆粒的脐色未明显变深时采收;③剥离种皮时一定要掌握好操作技术，不能让豆粒分开和造成伤痕；④采收的荚果不要成堆长时间地在太阳下放置，以免豆荚过热、受挤压而损坏。

2.鲜蚕豆储运

这是一项进入标准化加工程序的操作技术，不同采收类型的产品采用不同的储运方式。

(1)带种皮、脐柄的鲜籽粒，由于种皮容易褐变，这类产品采收后装入冷藏袋中，要求在5小时内必须进入速冻加工程序。

(2)带荚壳的鲜蚕豆产品，这类产品多采用大包装，短途贩运一般散装于车厢内，为了避免挤压成堆造成过热、豆荚间承受过大的压力，车厢内一般放置一定数量的用竹子编制的锥形筒状抽气筒，起到通气降温的作用；长途贩运用冷藏箱装载进入冷藏运输，把完好无损的豆荚整齐地放入冷藏箱，每一层豆荚用吸湿纸隔开，装放过程中应尽量避免豆荚间相互挤压。

(3)去荚壳和种皮的豆米，这类产品相对容易储运，豆米装入冷藏袋后，经短途运输进入速冻加工程序，由于不带荚壳和种皮，产品不容易褐变，可以接受较长时间的周转，收储相对方便简捷。

第五章 食用豆病虫草害防控技术

第一节 食用豆主要草害防控技术

食用豆是我国主要经济作物和轮作倒茬作物。长期以来，由于种种原因，加之食用豆自身的生长习性和生态学特点，种植食用豆的田间常常受到杂草的严重危害。草害造成的产量损失和生产成本增加往往不亚于病虫害，每年草害造成食用豆产量损失至少15%，劳动力等生产成本显著增加20%以上。

一、食用豆田间杂草防治

草盛豆苗稀。食用豆的田间杂草种类多、发生时间长，基本伴随食用豆的整个生育期，一次性除草很难解决全生育期杂草难题。因此，必须根据土壤状况、气候特点、杂草群落及前茬用药情况，合理选择除草方式。食用豆田间杂草防治总体包括以下5个方面。

1. 杂草检疫

对进出口食用豆产品必须做好杂草（繁殖体、种子）检疫工作，这是杜绝和预防外来杂草危害的主要环节。

2. 农业防除

包括轮作、选种、施用腐熟有机肥、清除农田周边杂草、合理密植等措施。

(1)轮作灭草。农作物通常有自己的伴生杂草或寄生杂草,这些杂草所需的生境与作物极相似,科学地轮作倒茬,改变其生境,可明显减轻杂草的危害。

(2)精选种子。杂草的传播途径之一是随作物种子传播,播种前精选种子,清除混杂其中的杂草种子,可有效减少田间杂草的发生量。

(3)施用腐熟厩肥。厩肥是农家主要的有机肥料,包括牲畜过腹的圈粪肥、杂草及秸秆沤制的堆肥、饲料残渣、粮油加工下脚料等,这些肥料中都不同程度地带有一些杂草种子,而充分腐熟厩肥可使混在其中的杂草种子失去活力。

(4)清除农田周边杂草。农田周边的杂草是田间杂草的主要来源,及时清除农田周边杂草,可有效防止杂草向田内扩散蔓延。可采用草甘膦、草铵膦等广谱灭杀除草剂进行彻底清除。

(5)合理密植、科学种植。充分利用间作套种、适度密植、适期播种、控水控肥、品种搭配等措施,利用作物自身的群体优势抑制杂草生长,可起到较好的防除效果。

3.机械防除

包括深翻、整地、中耕等。深翻是防除多年生杂草的有效措施。播前旋耕耙地和苗后中耕是疏松土壤、促进作物生长和消灭田间杂草的重要方法。

4.有效利用除草剂进行杂草防治

利用化学除草剂清除田间杂草,及时、见效快、省时省工、杂草防除效果显著,但必须科学合理地选配用药,并严格按照说明书规定的时间和用法用量来使用,以免用药不合理而造成不必要的损失。

5.综合防治

农田生态受自然和耕作的双重影响，杂草的类群和发生动态各异，单一的除草措施往往不易获得较好的防除效果；同时，各种防除杂草的方法也各有优缺点。综合防除就是因地制宜地综合运用各种措施，达到高效而稳定的防除目的。例如，采用化学防除措施控制作物早期杂草，结合栽培管理促进作物生长，可抑制作物生长中后期杂草。

二 田间杂草化学防除方法

食用豆田间杂草从化学防除的意义上可分为三大类，即一年生禾本科杂草、阔叶杂草和多年生杂草。田间杂草的化学防除方法主要分播前混土处理、播后苗前土壤封闭处理和苗期茎叶处理3个不同时期。

1.播前混土处理

播前混土处理为选择性芽前土壤处理，是在播前5～7天将药剂对水，通过地表喷雾方式进行土壤处理。应选用易被杂草幼芽、幼根吸收的除草剂，主要通过抑制杂草幼芽和次生根的生长而达到除草效果。该处理方法的优点是早期控制了杂草，可以推迟或减少中耕次数；不足之处是使用药量与药效受土壤质地、有机质含量、pH制约。常用药剂有氟乐灵、地乐胺、敌草胺。

2.播后苗前土壤封闭处理

播后苗前土壤封闭处理宜于播种后出苗前施药。选择易被植物幼芽、幼根吸收的内吸性除草剂，以抑制杂草幼芽和次生根的生长，从而杀死各种杂草。该处理方法的优点是药剂相对挥发性小、不易被光解，除草效果受土壤影响小，省时省力、操作简便，于播种后直接喷施于地表即可，无须混土，当杂草出苗时，可被其幼芽吸收而使其生长受到抑制，以致枯死；不足之处是在沙质土地块，遇大雨可能将部分除草剂淋溶到播种的食用豆种子上而产生药害，而且播后苗前必须保持土壤湿润才能使药剂发挥作用，如在干旱条件下施药，则除草效果差，甚至无效。常用药剂有异丙甲草胺、二甲四氯钠、咪唑乙烟酸。

3.苗期茎叶处理

苗期茎叶处理是当杂草出苗后，选用内吸传导型芽后茎叶处理除草剂进行叶面喷雾施药，使杂草茎叶吸收药剂后中毒死亡。适宜于豆田的茎叶处理药剂主要有烯禾啶、吡氟禾草灵、吡氟乙草灵、烯草酮等。雨后初晴或早晚喷雾效果最好。

三 影响除草剂药效及产生药害的主要因素

1.如何选择田间除草剂品种

（1）根据杂草种类及杂草大小选择除草剂。多年生杂草和大龄杂草应选择茎叶处理的传导性除草剂；小粒种子的杂草在土壤墒情好时可选择封闭处理的除草剂。针对具体杂草种类，应根据除草剂说明书的杀草谱情况选择使用。

（2）根据土壤墒情和有机质含量选择除草剂。土壤墒情好时可选择封闭处理的除草剂，干旱时应选择茎叶处理的除草剂或茎叶兼土壤处理的除草剂进行茎叶处理。土壤有机质含量超过5%的农田，应选择茎叶处理的除草剂；有机质含量低于2%的农田，不能应用土壤封闭处理的除草剂。选用除草剂时应注意说明书中的注意事项，混剂最好用当年生产的；三证（登记证、生产许可证、产品质量检验合格证）不全及无厂址、厂名、联系电话的除草剂不能使用。

2.影响除草剂药效及产生药害的主要因素

除草剂的除草效果受很多因素影响，有除草剂本身的内在因素，也有应用剂量、应用时期、应用方法、喷雾质量等应用技术问题，还有环境条件不适等自然因素。作为农药零售商,有责任和义务告知农民影响药效的这些因素。《农药管理条例》规定,应用农药后出现问题纠纷,农药零售商是第一责任人。

(1)除草剂种类选择不当。各种除草剂都有相应的杀草谱和适用环境,不根据杂草种类及农田的具体情况选择除草剂,会使所选用的除草剂无法发挥其除草能力。

(2)除草剂质量不合格。各种除草剂都有相应的质量标准,其中,有效成分含量、杂质种类及其含量、分散性、乳化性、稳定性等都会直接影响药效和产生药害。由农药质量问题造成的药效和药害问题,生产者和经营者都有责任。

(3)应用剂量问题。造成用药量不准的原因有几方面:一是农民的主观行为,总是怀疑用药量低了除草效果不好,将用药量增加至极限用量以上,一旦环境条件有利于药效发挥,出现药害是不可避免的;二是农药厂为了说明其产品成本低,以适应农民购买能力低这一客观事实,在说明书上推荐的剂量很低,不能够保证除草效果;三是农民耕地面积数据不准,导致计算出来的用药量与实际耕地所需药量不符;四是喷洒不均匀,重喷的地方药量高,漏喷的地方药量低,特别是用多喷头喷雾器时,各个喷头的喷液量不同直接导致喷洒不均匀。

(4)作物及其发育状况。作物发育不良、苗弱,抗药性就差,容易出现药害。幼嫩作物比较容易产生药害,而老熟的植物则抵抗力较强。如茎叶处理需在食用豆出现复叶后喷施才安全,否则豆苗太小,容易产生药害。

(5)用药时期不当。茎叶处理除草剂在杂草出苗后越早用药效果越好;土壤处理除草剂在杂草出苗前用药越晚效果越好,但作物出现药害的可能性也越大;茎叶兼土壤处理除草剂在保证作物安全的前提下,于杂草苗后早期应用,既能够保证茎叶处理是在杂草出苗后的早期,又能保证土壤处理是在杂草出苗前的晚期，所以效果最佳。

(6)用药方法错误。土壤处理除草剂用作茎叶处理多数会产生药害，少数会效果不佳；茎叶处理除草剂用作土壤处理多数会无效。

(7)环境条件不适。有机质含量低于2%的砂壤土，封闭处理易出现药害；而有机质含量高于5%的土壤，药效很低。封闭处理后降大雨出现药害的可能性大。茎叶处理后遇雨需重喷。持续低温天气除草效果降低，出现药害的可能性增大。田间土壤干旱，则封闭处理药效降低甚至无效。三级以上有风天气施药，将无法保证喷施均匀，导致药效降低且易出现药害。整地质量不好，土壤封闭处理效果差。

(8)混用不合理。不同药剂的混用一定要遵循说明书的规定，具有相互拮抗作用的药剂混用则药效降低甚至无效。

(9)稀释药剂的水量和水质。土壤处理除草剂的对水量对效果影响不大，茎叶处理除草剂的对水量若过大则导致药效降低。碱性水会降低茎叶处理除草剂的药效，浑水、高硬度水会降低草甘膦药效。

第二节　食用豆主要病害防控技术

食用豆病害按病原可以分为真菌性病害、细菌性病害和病毒性病害等。

一　病害特征

真菌是一些丝状体，细菌是单细胞，病毒没有细胞结构。病原不同，所采取的防治措施也不同。必须在确诊病害后，对症下药，采取合适的药剂和正确的防治方法。

1.真菌性病害特征

真菌性病害是已知病害中最多的病害，症状类型多，出现在植物的各个部位。

(1)一定有病斑存在于植株的各个部位。病斑形状有圆形、椭圆形、多角形、轮纹形或不定形。

(2)病斑上一定有不同颜色的霉状物或粉状物,颜色有白、黑、红、灰、褐等。

2.细菌性病害特征

致病菌通常是与寄主细胞接触后先致死细胞或组织,然后再从坏死的细胞或组织中吸取养分,因此导致的症状是组织坏死、腐烂和枯萎,少数能引起肿瘤。

(1)叶片病斑无霉状物或粉状物。是否长毛是真菌性病害与细菌性病害的重要区别。

(2)根茎腐烂出现黏液,并发出臭味。有臭味为细菌性病害的重要特征。

(3)果实出现溃疡或形成疮痂,果面有小突起。

(4)根部青枯,根尖端维管束变成褐色。

3.病毒性病害特征

病毒主要通过蚜虫、叶蝉、粉虱等昆虫传播,也可以通过病株汁液接触传播。植物病毒性病害的外部症状主要有变色、坏死和畸形3种。病毒侵入植物一般不会立刻造成植物死亡,主要是改变植物生长发育过程。病毒在侵染寄主后,不仅与寄主争夺生长所必需的营养成分,而且破坏植物的养分输导,改变寄主植物的某些代谢平衡,抑制植物的光合作用,致使植物生长困难,产生畸形、黄化等症状,严重的会造成寄主植物死亡。

二 绿豆的主要病害

绿豆的主要病害有叶斑病和根腐病等。

1.绿豆叶斑病

该病害为真菌性病害。

1)症状

该病是我国及亚洲绿豆生产上的毁灭性病害。以开花结荚期受害重。发病初期叶片上现水渍状褐色小点,扩展后形成边缘红褐色至红棕色、中间浅灰色至浅褐色的近圆形病斑(图5-1)。湿度大时,病斑上密生灰色霉层,即病原菌的分生孢子梗和分生孢子。病情严重时,病斑融合成片,叶片很快干枯。轻者减产20%~50%,严重的减产高达90%。

图5-1　绿豆叶斑病

2)传播途径和发病规律

病原菌以菌丝体和分生孢子在种子或病残体中越冬,成为翌年初侵染源。生长季节危害叶片,开花前后扩展较快,借风雨传播蔓延。炎热潮湿条件下,经分生孢子多次再侵染,病原菌大量积累,遇有适宜条件即流行。高温高湿有利于该病发生和流行,尤以秋季多雨、连作地或反季节栽培发病重。

3)防治方法

(1)选用抗叶斑病品种。选无病株留种,播前用45 ℃温水浸种10分钟消毒。

(2)发病地块收获后进行深耕,有条件的实行轮作。

(3)发病初期喷洒50%百·硫悬浮剂600倍液、20%噻菌铜(龙克菌)悬浮剂500倍液,每隔7~10天喷洒1次,连续喷洒2~3次。

2.绿豆白粉病

该病害为真菌性病害。

1)症状

危害绿豆叶片、茎秆和荚。发病初期在病部表面产生一层白色粉状物,开始为点片发生,后扩展到全叶,后期病部密生很多黑色小点,即病原菌的闭囊壳(图5-2)。发生严重时,叶片变黄,提早脱落。

图5-2　绿豆白粉病

2)传播途径和发病规律

病原菌以闭囊壳在土表病残体上越冬,翌年条件适宜时散出子囊孢子进行初侵染。发病后,病部产生分生孢子,靠气流传播进行再侵染,经多次重复侵染,扩大危害。在潮湿、多雨或田间积水、植株生长茂密的情况下易发病;干旱少雨条件下植株往往生长不良,抗病力弱,但病菌分生孢子仍可萌发侵入,尤其是干、湿交替利于该病扩展,发病重。

3)防治方法

(1)选用抗白粉病品种。

(2)收获后及时清除病残体,集中深埋或烧毁。

(3)提倡施用酵素菌沤制的堆肥或充分腐熟的有机肥,采用配方施肥技术,加强管理,提高抗病力。

(4)发病初期喷洒2%武夷菌素200倍液,或60%多菌灵盐酸盐(防霉宝)可溶性粉剂600倍液,或20%三唑酮乳油2 000倍液,或40%多·酮(禾病净)可湿性粉剂700～800倍液,或12.5%烯唑醇(速保利)可湿性粉剂2 000倍液,或25%敌力脱乳油3 000倍液,或40%福星乳油5 000倍液。

3.绿豆轮纹病

该病害为真菌性病害。

图5-3　绿豆轮纹病

1)症状

主要危害叶片。出苗后即可染病,但后期发病多。叶片染病,初生褐色圆形病斑,边缘红褐色(图5-3)。病斑上现明显的同心轮纹,后期病斑上生出许多褐色小点,即病菌的分生孢子器。病斑干燥时易破碎,发病严重的叶片早期脱落,影响结实。个别地块受害重。

2)传播途径和发病规律

病原菌以菌丝体和分生孢子器在病部或随病残体遗落到土中越冬或越夏,以分生孢子借雨水溅射传播,进行初侵染和再侵染。在生长季节,如天气温暖高湿,或过度密植株间湿度大,利于本病发生。此外,偏施氮肥植株长势过旺,或肥料不足植株长势衰弱,引致寄主植物抗病力下降,发病重。

3)防治方法

(1)绿豆收获后彻底收集重病地块病残物并烧毁,深耕晒土,有条件时实行轮作。

(2)发病初期及早喷洒78%波尔·锰锌(科博)可湿性粉剂500～600倍液,或77%可杀得微粒粉剂500倍液,或47%春雷·王铜(加瑞农)可湿性粉剂700倍液,或40%多·硫(好光景)悬浮剂500倍液,每隔7～10天喷洒

1次，共喷洒2～3次。

4.绿豆锈病

该病害为真菌性病害。

1)症状

危害叶片、茎秆和豆荚，以叶片为主。叶片染病散生或聚生许多近圆形小斑点，病叶背面现锈色小隆起，后表皮破裂外翻，散出红褐色粉末，即病原菌的夏孢子(图5-4)。秋季可见黑色隆起小长点混生，表皮裂开后散出黑褐色粉末，即病原菌的冬孢子。发病重的，致叶片早期脱落。

图5-4　绿豆锈病

2)传播途径和发病规律

南方该菌主要以夏孢子越冬，成为翌年该病初侵染源，一年四季辗转传播蔓延。北方该病主要发生在夏、秋两季，尤其是叶面结露及叶面上的水滴是锈菌孢子萌发和侵入的先决条件。夏孢子在10～30 ℃均可萌发，形成和侵入的适温为15～ 24 ℃，其中以16～22 ℃最适。绿豆进入开花结荚期，气温20 ℃以上、高湿、昼夜温差大及结露持续时间长时易流行，秋播绿豆及连作地发病重。

3)防治方法

(1)种植抗病品种。

(2)提倡施用酵素菌沤制的堆肥或充分腐熟的有机肥。

(3)清洁田园，加强管理，适当密植。

(4)发病初期喷洒15%三唑酮可湿性粉剂1 500倍液，或25%敌力脱乳油3 000倍液，或12.5%速保利可湿性粉剂2 000～3 000倍液，每隔15天左右喷洒1次，共喷洒1～2次。

5.绿豆炭疽病

图5-5 绿豆炭疽病

该病害为真菌性病害。

1)症状

主要危害叶、茎及荚果。叶片染病初期呈红褐色条斑,后变黑褐色或黑色,并扩展为多角形网状斑(图5-5)。叶柄和茎染病,病斑凹陷龟裂,呈褐锈色细条形斑,病斑连合形成长条状。豆荚染病初现褐色小点,扩大后呈褐色至黑褐色圆形或椭圆形斑,周缘稍隆起,四周常具红褐色或紫色晕环,中间凹陷,湿度大时,溢出粉红色黏稠物,内含大量分生孢子。种子染病出现黄褐色大小不等的凹陷斑。

2)传播途径和发病规律

病原菌主要以潜伏在种子内部和黏附在种子上的菌丝体越冬。播种带菌种子,幼苗染病,在子叶或幼茎上产出分生孢子,借雨水、昆虫传播。该菌也可以菌丝体在病残体内越冬,翌年春产生分生孢子,通过雨水飞溅进行初侵染。温度17 ℃、相对湿度100%利于发病;温度高于27 ℃,相对湿度低于92%则少发生;低于13 ℃病情停止发展。该病在多雨、多露、多雾、冷凉多湿地区,以及种植过密地块、湿地发病重。

3)防治方法

(1)选用抗病品种。

(2)选用无病种子或进行种子处理。注意从无病荚上采种,或用种子重量0.4%的50%多菌灵或福美双可湿性粉剂拌种、40%多·硫悬浮剂或60%防霉宝超微粉600倍液浸种30分钟,洗净晾干播种。

(3)实行2年以上轮作。

(4)开花后、发病初期喷洒25%炭特灵可湿性粉剂500倍液,或80%炭疽福美可湿性粉剂800倍液,或45%咪鲜胺(扑霉灵)乳油1 000倍液,每隔7～10天喷洒1次,连续喷洒2～3次。

6.绿豆细菌性疫病

该病害为细菌性病害。

1)症状

该病又称细菌性斑点病,主要发生在夏、秋雨季。叶片染病后现褐色圆形至不规则形水疱状斑点(图5-6)。初为水渍状,后呈坏疽状,严重的变为木栓化,经常可见多个病斑聚集成大坏疽型病斑。叶柄、豆荚染病亦生成褐色小斑点或条状斑。

图5-6　绿豆细菌性疫病

2)传播途径和发病规律

病原菌主要在种子内部或黏附在种子外部越冬。播种带菌种子,幼苗长出后即发病,病部渗出的菌脓借风雨或昆虫传播,从气孔、水孔或伤口侵入,经2～5天潜育,即引致茎叶发病。病原菌在种子内能存活2～3年,在土壤中病残体腐烂后即失活。气温24～32 ℃、叶上有水滴是本病发生的重要温湿度条件。一般高温多湿、雾大露重或暴风雨后转晴的天气,最易诱发本病。此外,栽培管理不当、大水漫灌或肥力不足、偏施氮肥,造成植株长势差或徒长,皆易加重发病。

3)防治方法

(1)实行3年以上轮作。

(2)选留无病种子,从无病地采种,对带菌种子用45 ℃恒温水浸种15分钟,捞出后移入冷水中冷却,或用种子重量0.3%的95%敌克松原粉或50%福美双拌种,或用硫酸链霉素500倍液浸种24小时。

(3)加强栽培管理,避免田间湿度过大,减少田间结露。

(4)发病初期喷洒47%春雷·王铜(加瑞农)可湿性粉剂700倍液,或77%可杀得可湿性微粒粉剂500倍液,或30%琥胶肥酸铜(扫细)悬浮剂500倍液,或72%农用硫酸链霉素可溶性粉剂3 000倍液,或新植霉素4 000倍液,或抗菌剂“401”800 ~ 1 000倍液,每隔7 ~ 10天喷洒1次,连续喷洒2 ~ 3次。

7.绿豆病毒病

该病害为病毒性病害。

1)症状

绿豆病毒病可发生在植株整个生育期,常见叶片症状有花叶、斑驳、变形、扭曲、皱缩、卷叶、起泡等。有些品种出现病株矮缩,开花晚。豆荚上症状不明显。

2)传播途径和发病规律

种子不带毒,主要在多年生宿根植物上越冬。由于鸭跖草、反枝苋、酸浆等都是桃蚜、棉蚜等传毒蚜虫的越冬寄主,每当春季发芽后,蚜虫开始活动或迁飞,成为传播此病的主要媒介。发病适温为20 ℃。病毒病的发生与蚜虫发生情况关系密切,尤其是高温干旱天气不仅有利于蚜虫活动,还会降低寄主抗病性。

3)防治方法

(1)选用抗病毒病品种。

（2）蚜虫迁入豆田要及时喷洒常用杀蚜剂进行防治，以减少传毒。

（3）发病初期开始喷洒7.5%菌毒·吗啉胍（克毒灵）水剂500倍液或20%吗啉胍·乙铜（灭毒灵）可湿性粉剂500倍液，或3.95%病毒必克可湿性粉剂500倍液。

8. 绿豆立枯病

该病害为真菌性病害。

1）症状

在受害植株茎基部产生黄褐色病斑，逐渐扩展至整个茎基部，病部明显缢缩，致幼苗枯萎死亡。湿度大时，病部长出蛛丝状褐色霉状物，即病原菌菌丝。

2）传播途径和发病规律

该菌能在土壤中存活2～3年，也可在病残体或其他作物、杂草上越冬，成为翌年初侵染源。在土壤中的菌丝体可通过农田操作、耕作及灌溉水、昆虫传播，进行再侵染。植株生长不良或遇有长期低温阴雨天气易发病，多年连作地块及地势低洼、地下水位高、排水不良地块发病重。

3）防治方法

（1）实行2～3年轮作，不能轮作的重病地块应进行深耕改土，以减少该病的发生。

（2）种植密度适当，注意通风透光，低洼地应实行高畦栽培，雨后及时排水，收获后及时清园。

（3）发病初期用3.2%甲霜·噁霉灵（克枯星）300倍液，或20%甲基立枯磷乳油1 200倍液，或30%倍生乳油1 000～1 500倍液灌根。

三 豌豆的主要病害

1.豌豆枯萎病

该病害为真菌性病害。

1)症状

早期发病症状表现为叶片和托叶下卷,叶和茎脆硬,基部茎节变厚;根系表面正常,纵向剖开时维管束组织变为黄色至橙色,变色部位向上延伸可达上胚轴和植株的茎基部。随病情发展,叶片从茎基部到顶部逐渐变黄,当土温高于20 ℃时,病情发展迅速,植株地上部萎蔫和死亡,呈青枯状。

2)传播途径和发病规律

病原菌通过污染或侵染的种子、病残体、土壤远距离传播。田间传播主要通过灌水、风雨、农具、农事操作等。种植感病品种、连作、土壤温度23~27 ℃、土壤相对湿度35%~95%、管理粗放等田块发病严重。

3)防治方法

(1)选用抗病或耐病品种。

(2)合理轮作,与非寄主作物轮作2~3年。

(3)适当浅播,减少幼苗损失、加快出苗。

(4)增施有机肥料,改善土壤结构,促进根系生长。

(5)种子处理,用多克福、亮盾(+吡虫啉)等进行种子包衣。

(6)接种根瘤菌。

2.豌豆根腐病

该病害为真菌性病害。

1)症状

主要危害根或茎基部。初侵染发生在子叶节部位、位于地下的上下胚轴和主根上部，随后向上扩展到地表以上茎基部和向下扩展至根系。病根初为红褐色病斑，逐渐变黑，根瘤和根毛明显减少，维管束变红褐色。茎基部产生砖红色病斑，缢缩或凹陷，病部皮层腐烂；病株矮化，叶片褪绿、黄化，最后植株死亡。

2）传播途径和发病规律

病原菌以厚垣孢子在病残体上或土壤中越冬。病原菌主要靠带菌的土壤、沙尘和表面污染的种子传播。带菌土壤、秸秆、粪肥等是病害发生的初次侵染源，其中带菌土壤是病害发生的主要初侵染源。病害的田间传播主要通过雨水、灌溉水或农具等。干旱、高温气候条件有利于豌豆根腐病的发生。春季干旱、少雨、土壤墒情差，种子在土壤中萌发吸水不够，延长了萌发出苗时间，种子感染了土壤中的根腐病病原菌，造成苗弱、苗死。开花结荚期高温干旱，导致豌豆植株生长势衰弱，抗病性降低，有利于病害发生。短时间的田间积水也可提高根腐病的发生率和严重度。病原菌生长的最适温度为25～30 ℃，病害发生的温度为10～35 ℃。根腐病的发病严重程度随着温度的提高而加重，以25～30 ℃时发病最严重。叶部症状也随着温度的提高而加重。连作、土壤板结、贫瘠、地下害虫和线虫危害、除草剂药害、种子活力低等均会加重根腐病危害。

3）防治方法

（1）选用抗病或耐病品种。

（2）与非寄主作物轮作；适时播种，合理密植；施足经过充分腐熟的有机肥，增施磷肥、钾肥和石灰；高垄（畦）栽培，及时中耕，促进不定根的产生；收获后及时清除田间病残体。

（3）用35%多克福种衣剂或6.25%亮盾种衣剂进行种子包衣，或用种子重量0.4%的50%福美双可湿性粉剂或50%多菌灵可湿性粉剂加种子重量0.3%的25%甲霜·噁霉灵可湿性粉剂拌种。发病初期喷施或浇灌30%

噁霉灵水剂1 000倍液，或70%甲基硫菌灵500倍液，或75%百菌清可湿性粉剂600倍液，或50%福美双可湿性粉剂1 000倍液，或40%根腐灵可湿性粉剂800倍液，每隔7～10天喷施1次，连施2～3次，喷药时注意细致喷洒根部、茎基部。

3.豌豆白粉病

该病害为真菌性病害。

1）症状

发病初期，最先在叶片或叶托表面产生小的、分散的斑点。病斑初为淡黄色，逐渐扩大形成白色到淡灰色粉斑；病斑合并使病部表面被白粉覆盖，叶背呈褐色或紫色斑块。病害由下向上逐渐蔓延，严重的病株，叶片、茎、豆荚上布满白粉，豆荚表皮失去绿色，受害较重组织枯萎和死亡。

2）传播途径和发病规律

病原菌在豌豆病残体或侵染的其他寄主上越冬。初次侵染完成后，发病部位产生分生孢子，借气流和雨水传播进行多次再侵染。在白天温暖、干燥，夜间冷凉到能够结露的气候条件下，发病最重。分生孢子萌发的最适温度为20 ℃，萌发和侵染不需要自由水，但空气潮湿能够刺激萌发。如果土壤干旱或氮肥施用过多，植株抗病能力降低时，也容易发病。

3）防治方法

（1）选用抗病或耐病品种。

（2）适时早播和选用早熟品种，合理施肥，实行轮作。

（3）可溶性硅、植物油、甲壳素、无机盐、植物提取物等对白粉病防治有效。质量浓度为0.5%的碳酸氢钾能够有效防治豌豆白粉病，苯并噻二唑、水杨酸等可诱导对白粉病的抗性。

4.豌豆锈病

该病害为真菌性病害。

1)症状

叶、叶柄、茎、荚均可受害。发病初期,叶片上的症状为在叶面或叶背产生黄白色小斑点,然后在叶背产生杯状、白色的锈孢子器,继而形成黄色夏孢子堆,破裂后散出黄褐色的夏孢子,并很快形成黑褐色的冬孢子堆,释放出大量黑褐色冬孢子。被侵染的茎和叶柄上的病斑与叶片上相似。

2)传播途径和发病规律

锈孢子产生的温度范围为10~27 ℃,最适萌发温度为25 ℃,但夏孢子萌发的最适温度为15 ℃,温度大于15 ℃则萌发率下降。温度对锈病的流行有显著和直接作用,而锈病的发展与降雨和湿度有关。感病品种是病害流行的重要原因;早播发病轻,迟播则发病重;地势低洼和排水不畅、土质黏重、植株种植过密、农田通风不良等发病重。

3)防治方法

(1)选用抗病或耐病品种。

(2)农业防治:适时早播和选用早熟品种,避开锈病发生高峰期,以减轻病害造成的损失;与非寄主作物轮作1~2年,可以有效降低田间病原菌;采用高畦深沟或高垄栽培,合理密植,及时整理枝蔓,加强通风透光,增强植株抗病力。田间土壤湿度大时,注意开沟排水降低田间湿度,减轻病株发病程度;避免过度施用氮肥,适量增施磷、钾肥,增强植株抗病能力,可以降低锈病的发生率和减轻严重程度。收获后及时清除豌豆秸秆,集中深埋或烧毁,减少锈菌在田间的越冬基数;播种前铲除田间豌豆、蚕豆自生苗及其他野豌豆属自生苗,以截断初侵染源。

(3)化学防治:在发病初期喷施43%菌力克悬浮剂6 000~8 000倍

液，或40%福星乳油6 000～8 000倍液，或30%特福灵可湿性粉剂4 000～5 000倍液，或50%多·硫悬浮剂600倍液，或50%混杀硫悬浮剂500倍液，或15%三唑酮可湿性粉剂1 500～2 000倍液，或10%苯醚甲环唑水分散粒剂（世高）2 000～3 000倍液，或43%戊唑醇悬浮剂3 000倍液，或25%腈菌唑乳油2 500～3 000倍液，或80%代森锰锌可湿性粉剂600～800倍液，或25%丙环唑乳油1 000倍液，或2%武夷菌素水剂150～200倍液，或0.2～0.3波美度石硫合剂等。根据病害发生情况，每隔10～14天防治1次，连续防治3～4次，不同药剂交替使用。

5.壳二孢疫病（褐斑病和褐纹病）

1）症状

主要危害植株地上部分。豌豆壳二孢引起的褐斑病，叶片和荚上病斑呈圆形，茎部病斑呈椭圆形或纺锤形，略凹陷，病斑中心黄褐色或棕色，有明显的深褐色边缘，病斑上产生大量小黑粒点。豆类壳二孢引起的褐纹病，症状初为小的紫色不规则斑点，边缘不明显。在较老的叶片上或适宜条件下，病斑扩大，导致组织干枯。叶部和荚上病斑常以黄褐色和棕色交替的同心圆扩展为轮纹斑。严重侵染可导致叶片失水、易碎，但叶片不脱落。茎上病斑呈紫黑色，常常合并环茎，造成上部叶片变黄、植株枯死和根腐。病菌还可引起种皮皱缩和变色。

2）传播途径和发病规律

褐斑病主要由带菌种子传播。带菌种子出苗后在子叶和下胚轴产生病斑，并在病部产生分生孢子器。分生孢子借风雨传播，从气孔或直接穿透表皮侵入，在新病斑上产生分生孢子器和分生孢子进行再侵染。土壤中或植株残体上越冬的褐纹病菌在春天产生分生孢子或子囊孢子，分生孢子通过雨水或子囊孢子通过风进行初侵染。冷凉、潮湿多雨的天气有利于病害的发生蔓延。

3)防治方法

(1)种植合适的抗病品种。

(2)农业防治:轮作4年以上;选择土质疏松地块;施用腐熟的有机肥,增施磷、钾肥;收获后及时清除病残体,并深翻土地。

(3)化学防治:用种子重量0.1%的50%苯菌灵和50%福美双可湿性粉剂混合药剂(1:1)拌种。发病初期,喷施70%代森锰锌可湿性粉剂400倍液,或75%百菌清可湿性粉剂500倍液,或70%乙磷铝·锰锌可湿性粉剂400倍液等,每隔7天喷1次,连喷3~4次。

6.豌豆病毒病

1)症状

国内目前有6种病毒可引起豌豆病毒病。其中,豌豆种传花叶病毒(PSbMV)导致叶片褪绿、斑驳、明脉、花叶,叶片背卷,植株畸形或矮缩,幼苗发病则节间缩短、果荚变短或不结荚;菜豆黄花叶病毒(BYMV)引起叶片斑驳、脉间褪绿黄化,有时出现明脉,早期染病植株表现为矮缩,顶芽丛生;蚕豆萎蔫病毒(BBWV)引起植株花叶、矮缩或萎蔫;菜豆卷叶病毒(BLRV)引起豌豆黄化卷叶病毒病,幼苗发病导致植株黄化,叶片下卷,植株矮缩甚至死亡,侵染晚则顶叶叶尖黄化;苜蓿花叶病毒(AMV)引起豌豆条纹病毒病,染病植株叶片褪绿黄化,在茎和叶片的维管束中出现紫褐色坏死条纹,豆荚畸形、褪绿、变色或有褐色条纹;黄瓜花叶病毒(CMV)引起豌豆花叶病毒病,染病植株叶片明脉、脉带和花叶,全株性褪绿黄化,生长点萎蔫,在叶片和茎上出现褐色条纹,豆荚扁平并且颜色变紫。

2)传播途径和发病规律

6种病毒都具有广泛的寄主范围。蚜虫是病毒在田间传播的主要媒介,除菜豆卷叶病毒以持久方式传播外,其他5种病毒都以非持久方式传播。病毒的田间初侵染源主要来自其他越冬带毒寄主上的蚜虫。此外,带毒种子也是豌豆种传花叶病毒、菜豆黄花叶病毒和黄瓜花叶病毒田间病害发生的初侵染源。高温、干旱气候条件，有助于蚜虫种群的增长和蚜虫迁飞，从而促使病害传播和流行。

3)防治方法

(1)种植抗病品种。

(2)农业防治：对于种传病毒病，种植无病毒侵染的健康种子可以有效控制初侵染源；调整播期，避开蚜虫传毒高峰；苗期及时拔除病苗。

(3)化学防治：

①防治蚜虫：用种子重量10%的吡虫啉可湿性粉剂拌种防治蚜虫。在蚜虫发生初期喷施10%吡虫啉可湿性粉剂2 500倍液，或50%辟蚜雾可湿性粉剂2 000倍液，或20%康福多浓可溶剂4 000倍液，或2.5%保得乳油2 000倍液。

②防治病毒病：病害发生前或发病初期可在叶面喷施2%或8%宁南霉素水剂（菌克毒克）、6%低聚糖素水剂、0.5%菇类蛋白多糖水剂、20%盐酸吗啉胍·乙酸铜可湿性粉剂、6%菌毒清、3.85%病毒必克可湿性粉剂、40%克毒宝可湿性粉剂、20%病毒A 500倍液和5%植病灵1 000倍液。

四 蚕豆的主要病害

1. 蚕豆赤斑病

该病害为真菌性病害。

1)症状

主要危害叶片、叶柄、茎秆，严重时亦在花瓣、幼荚上形成病斑。病害的发生多从下部老叶或受冻害的主茎开始。发病初期，叶片上产生针尖大小的小赤点，后逐渐扩大成近圆形或椭圆形的赤褐色病斑，病斑直径为2～4毫米，中央稍凹陷，周缘深褐色，病斑交界处明显，散布在叶片的正反两面，病斑常愈合形成面积较大、呈不规则形的铁灰色枯斑，引起落叶（图5–7）。茎和叶柄发病，产生赤褐色条斑，边缘深褐色，病斑表皮破裂后产生裂纹。花受害后遍生棕褐色小点，严重时花冠变成褐色、枯萎，从下而上逐渐凋落。豆荚感染后产生赤褐色斑点，病菌能穿透豆荚，侵染种子，在种皮上产生小红斑。耐病品种或在天气晴朗时感病品种上的病斑发展慢，仅形成圆斑或条斑，称为“慢性病斑”；遇阴雨潮湿天气，感病品种的叶片上的病斑迅速扩展，病叶变黑，表面密生灰色霉层（病菌的分生孢子梗及分生孢子），这种病斑称为“急性病斑”，植株各部变灰黑色而枯死。剥开秸秆，内有黑色椭圆形或扁平形的菌核。病情严重时，整个叶片、花器、幼荚及茎秆都发黑干枯，叶片大量脱落，田间植株一片焦黑，如同火烧。

图5–7　蚕豆赤斑病

2）传播途径和发病规律

病原菌以菌核或菌丝在土壤或病残体上越冬和越夏。诱发赤斑病的气候条件主要为湿度和温度。20 ℃左右最适合病原孢子的萌发和侵染。病菌产生孢子的空气相对湿度至少要达85%。在气温20 ℃，相对湿度85%时，菌核大量萌发产生分生孢子，反复侵染，特别是在空气潮湿温暖多雨时，病害普遍流行或危害较严重。如果花荚期遇连绵阴雨天气，就有大流行的可能。一般在土壤酸性大、土质黏重、土壤贫瘠、钾肥不足、地势低洼、排水不良等情况下，发病重。另外，播种量大、密度大、通风透光不好的地块发病重，播种过早或过迟、连作的田块发病重。

3）防治方法

（1）选用抗病性较好的品种。

(2)农业防治:选用无病种子和早熟品种;实行2年以上轮作,可与小麦、油菜轮作,减少菌源;蚕豆收割后,清除田间病残体,把枯枝落叶焚烧掉,避免菌核遗留在田间越冬;选择高燥的坡地、平地、砂壤土,若是低洼地则提倡高畦深沟栽培,雨后及时排水,降低田间湿度,达到控制和减轻赤斑病的发生及危害;加强栽培管理,合理密植,采用配方施肥技术,增施磷、钾肥,以促使植株健壮,增强抗病能力;及时打顶,使株间保持通风透光,降低田间小气候湿度,促使蚕豆植株健壮,提高抗病能力。

(3)化学防治:播前进行药剂拌种和土壤消毒处理,用种子重量0.3%的50%多菌灵可湿性粉剂、50%敌菌灵可湿性粉剂拌种,或用50%多菌灵可湿性粉剂1千克加细土20千克拌成药土撒入蚕豆种植穴中,或用50%敌克松可湿性粉剂500倍液泼浇土壤。蚕豆开花期适时喷药控制,于发病初期喷第一次药,每隔7~10天喷1次,连续喷2~3次。主要药剂和用药量为波尔多液和25%多菌灵可湿性粉剂500倍液喷雾,50%乙烯菌核利可湿性粉剂1 000~1 500倍液喷雾,50%异菌脲可湿性粉剂1 500~2 000倍液喷雾,60%甲基硫菌灵·乙霉威可湿性粉剂600~800倍液喷雾,40%嘧霉胺悬浮剂800~1 000倍液喷雾。喷药后如药液未干遇雨,须待雨停后及时补施,以保证药效。

2.蚕豆尾孢叶斑病

该病害为真菌性病害。

1)症状

尾孢叶斑病,又称尾孢霉轮斑病。病菌主要危害叶片,也侵染茎和荚。最初在下部叶片上产生红褐色小病斑,随后上部叶片也渐次发病。在适宜条件下,病斑迅速扩大,呈圆形、长圆形或不规则形,直径可达15毫米。病斑红褐色到深灰色,具稍微隆起深褐色的清晰边缘。病斑内常形成同心环轮纹。在潮湿气候条件下,病斑上可产生大量分生孢子,呈银灰色，该症状可以区别链格孢叶斑病、赤斑病和褐斑病。茎上病斑呈梭状或长圆形，中央灰色，常凹陷，边缘深褐色。荚上病斑呈圆形或不规则形，黑色，凹陷，具清晰边缘。

2）传播途径和发病规律

病原菌以菌丝体或子座在土壤中或病残体上越冬，成为翌年的初侵染源。在适宜条件下，土壤中或病残体上的病菌产生分生孢子，分生孢子借气流、水溅传播到植株下部叶片，发生初侵染，被侵染叶片产生的病斑在潮湿条件下产生大量分生孢子借风雨扩散，进行重复侵染。在病害流行的早期阶段，接种体主要进行短距离传播。湿度是病害严重发生的关键因素。温度18～26 ℃，空气相对湿度90%以上，最有利于病菌侵染。长期阴雨天气，种植太密，土壤黏重、低洼潮湿、排水不良或缺钾的地块发病重，连作地块发病严重。

3）防治方法

（1）种植抗病品种。

（2）农业防治：与非寄主作物进行轮作；高畦深沟栽培，雨后及时排水，合理密植，降低田间湿度。收获后及时清除田间蚕豆病残体，深耕土地，促进带菌病残体的腐烂。

（3）化学防治：喷施50%多菌灵可湿性粉剂1 200～1 500倍液、43%戊唑醇悬浮剂3 000倍液、75%百菌清可湿性粉剂500～800倍液或15%三唑酮可湿性粉剂1 500～2 000倍液。根据病害发生情况，每隔10～14天防治1次，连续防治2～3次。

3. 蚕豆镰孢根腐和枯萎病

蚕豆镰孢根腐和枯萎病是长江流域蚕豆生长中后期的主要病害。病害导致根系、茎基部或维管束受损，最终引起植株死亡（图5-8）。每年3—5月份蚕豆开花结荚期或荚成熟前，该病害可造成大量植株枯死，一般田块枯死率在10%～30%，重病田块枯死率可超过40%。

图5-8　蚕豆镰孢根腐和枯萎病

1）症状

病原菌侵染蚕豆的根或茎基部。早期侵染可以导致种子腐烂和出苗期或出苗后幼苗死亡，有时导致幼苗土面或近土面处茎部腐烂和缢缩。根腐病病菌侵染根和茎基部产生黑褐色至黑色病斑。随着病情发生，侧根和主根大部分变黑和腐烂，茎基部病斑扩大、凹陷和环茎，导致茎腐烂和萎缩。叶部症状也反映根腐病的发展进程。首先植株下部叶片变黄、边缘变褐或干枯，最后所有叶片完全变黄和枯死。严重感病植株明显矮化。根腐病病菌仅引起根和茎基部皮层组织腐烂。尖镰孢引起的蚕豆枯萎病症状包括叶片黄化并逐渐枯萎，最后叶片变黑枯死，根系和茎秆维管束系统变褐色至黑色，根系和茎基部变色和腐烂不显著。

2）传播途径和发病规律

病原菌主要以病株残体上的菌丝、分生孢子座或厚垣孢子在土壤中越夏或越冬，成为翌年初次侵染的主要来源。病株残体上的病菌在土壤中可存活2年以上。病菌直接或经伤口侵入主根、侧根的根尖及茎基部，以后病株根部开始发黑，根部皮层被腐蚀，主根心髓变成锈褐色。蚕豆收获后，病菌又随病株残体在土壤中越夏或越冬。田间以结荚期发病较多，现蕾至结荚期为发病盛期。土壤温度是影响发病的重要因素，土温在23～27 ℃时，有利于病菌的生长发育。土壤含水量对蚕豆枯萎病的发生有严重影响。常年情况下,土壤含水量过低(<30%饱和持水量)或过高(>70%饱和持水量)时,病害较重。当土壤湿度在50%饱和持水量左右时,这是蚕豆生长的最佳土壤湿度,病害发展较慢。蚕豆初荚期如遇高温,雨后天晴,极有利于病害发展蔓延。土壤中各种营养成分含量对枯萎病发生有显著的影响,土壤偏酸性、土壤贫瘠、缺乏肥料、地势低洼、排水不良和连作地块发病重,旱田比水田发病重,紧实的土壤比疏松的土壤发病重。

3)防治方法

(1)种植抗病或耐病品种。

(2)农业防治:轮作3年以上;选择排水良好的田块或高垄栽培,合理密植;收获后清除田间病残体并深翻土壤;施用充分腐熟的有机肥、磷肥和钾肥,以提高植株抗病能力;及时防治害虫,减少植株伤口,减少病菌传播途径。

(3)化学防治:用35%多克福种衣剂进行种子包衣,或用0.4%种子重量的50%福美双可湿性粉剂、50%多菌灵可湿性粉剂、25%三唑酮可湿性粉剂、60%噻菌灵可湿性粉剂等杀菌剂拌种,可以控制苗期病害。

4.蚕豆锈病

1)症状

蚕豆锈病主要危害叶片、叶柄、茎秆和豆荚,以叶片受害最重。发病初期在叶的两面形成白色至淡黄色、略隆起的小斑点,逐渐加深,变为黄褐色或褐色,病斑扩大和隆起,皮破裂,被严重侵染的叶片很快干枯和脱落。特别严重的田块,茎叶上就像撒上一层黄褐色的灰。

2)传播途径和发病规律

病菌以冬孢子和夏孢子附着在蚕豆病残体上越冬或越夏。冬孢子萌发时产生担子及担孢子,担孢子借气流传播到蚕豆叶面,直接侵入蚕豆植株,后在病部产生性孢子器及性孢子和锈子腔及锈孢子,然后形成夏孢子堆，释放夏孢子；夏孢子借气流传播，进行多次再侵染，病害不断蔓延。到蚕豆生育后期，又形成冬孢子在病残体上越冬或越夏，完成侵染循环。锈病的发生与温度、湿度、品种及播种期等有着密切关系，一般来说，高温、高湿气候易诱发锈病。夏孢子萌发和侵染的适宜温度为14～24 ℃，气温20～25 ℃时易流行，3—4月份为蚕豆锈病流行期，尤其春雨多的年份发生严重。一般低洼积水、土质黏重、生长茂密、通透性差的地块发病重。长江流域4—5月份，雨多潮湿，气温适中，最适合发生蚕豆锈病。

3）防治方法

（1）选用抗病品种。

（2）农业防治：合理密植，及时整枝，保持通风透光良好，降低田间小气候湿度；与豌豆以外的作物轮作；蚕豆收获后，及时收集病残体，做堆肥材料或烧掉，以减少越冬（越夏）的病原菌基数。

（3）化学防治：发病初期和花荚期根据病情防治2～3次。主要药剂和用药量为：15%粉锈宁可湿性粉剂1 000倍液喷雾；58%甲霜灵·锰锌可湿性粉剂800倍液喷雾，用药20天后检查，如果病情仍在发展，施第二次药；80%代森锌可湿性粉剂500～600倍液，在发病初期喷雾，每隔7～10天喷施1次，连续喷施2～3次；1∶1.5∶200的波尔多液喷雾，根据病情，隔7～14天再施第二次；发病初期开始喷洒30%固体石硫合剂150倍液，15%三唑酮可湿性粉剂1 000～1 500倍液，50%萎锈灵乳油 800倍液，50%硫悬浮剂200倍液，25%敌力脱乳油3 000倍液，25%敌力脱乳油4 000倍液加15%三唑酮可湿性粉剂2 000倍液，每隔10天左右喷施1次，连续喷施2～3次，也有较好的防治效果；叶面喷施腐植酸、氨基酸、水杨酸和苯并噻二唑等可以有效降低蚕豆锈病的严重度和提高产量。

5.蚕豆褐斑病

1)症状

植株的地上部分均能受害。病原菌侵染蚕豆的叶片、茎、豆荚和种子。叶片受害初期出现赤褐色小斑点,随后扩大形成圆形、椭圆形或不规则形的病斑,直径3~8毫米,病斑周缘明显,稍微凹陷、深褐色;后病斑扩展,中央变为灰褐色,边缘呈深褐色突起,表面常有同心轮纹。中央密生数量不定的小的黑色分生孢子器,分生孢子器通常以同心圆方式,略作轮状排列,呈淡灰色。随着病情发展,一些病斑合并成大的不规则形黑色斑块,病斑中央部分常脱落,呈穿孔症状,严重时叶片枯死。茎部受害后,病斑呈圆形、卵圆形、纺锤形,中央灰色稍凹陷,边缘赤色或深褐色突起。病斑较大,长5~15毫米。被害茎常枯死、折断,在病变组织表面散生大量黑色的小点。豆荚上的病斑呈圆形或卵圆形、棕褐色到黑色,具深褐色边缘,凹陷较深。病斑有时占据豆荚的大部分,侵染严重的荚枯萎干瘪。在荚的病斑上也长出分生孢子器,排列成轮纹状。病原菌可穿过荚皮侵害种子,在种皮表面形成黑色污斑,导致种子瘪小、皱缩、不能成熟。感病种子一般不能发芽。

2)传播途径和发病规律

病原菌以菌丝体、分生孢子器或假囊壳在病残体或种子上越冬、越夏,成为翌年初侵染源。翌年春季气温升高、空气湿度高时,大量的分生孢子或子囊孢子被释放出来,通过雨溅或气流传播,首先侵染到距离地面较近的幼茎或嫩叶,形成发病中心,之后借风雨在田间传播蔓延。病原菌侵染和病害发展的温度为5~30 ℃,最适温度为20 ℃。冷凉、潮湿的天气条件有利于病害的快速流行。带菌种子能够将病害传入新的蚕豆种植区,是大田发病的一个主要来源。早春多雨和植株过于稠密,有利于病害发生。阴湿天气愈长,发病愈严重。田间遗留有上季病株残体，特别是播种带病种子均将诱发病害的发生。生产上种子未经消毒或播种过早、施氮肥过多均发病重。

3）防治方法

（1）种植抗病品种。

（2）农业防治：精选种子，播前进行温汤浸种（先将种子浸于冷水中24小时，然后移入40～50 ℃温水内浸10分钟，或56 ℃温水内浸5分钟），或用0.6%种子重量的福美双可湿性粉剂拌种；清洁田园，收获后将病茎、叶、荚清除并焚烧掉，同时配合深耕，以减少越冬菌源；加强田间管理，适期播种，注意排水，合理密植，低凹田块高畦栽培；增施钾肥，促使植株生长健壮，以提高植株抗病能力；与非寄主作物进行轮作。

（3）化学防治：发病初期喷洒药剂，可用30%绿叶丹可湿性粉剂800倍液，或0.5%石灰倍量式（0.5∶1∶100）波尔多液，或70%甲基托布津可湿性粉剂1 000倍液，或50%琥胶肥酸铜可湿性粉剂500倍液，或47%春雷·王铜（加瑞农）可湿性粉剂600倍液，或50%福美双可湿性粉剂500倍液，或25%多菌灵可湿性粉剂600倍液，或80%喷克可湿性粉剂600倍液，或14%络氨铜水剂300倍液，或77%可杀得可湿性微粒粉剂500倍液喷雾。根据病情，每隔10天左右喷1次，共喷1～2次。

6.蚕豆立枯病

该病害为真菌性病害，在蚕豆各种植区均有发生。

1）症状

蚕豆立枯病主要侵染蚕豆茎基或地下部。茎基染病多在茎的一侧或环茎，致茎变黑。有时病斑向上扩展达十几厘米，干燥时病部凹陷，随后病株枯死。湿度大时菌丝自茎基向四周土面蔓延，后产生直径1～2毫米、不规则形褐色菌核。地下部染病后呈灰绿色至绿褐色，主茎略萎蔫，下部叶片变黑，上部叶片仅叶尖或叶缘变色，后整株枯死，但维管束不变色，叶鞘或茎间常有蛛网状菌丝或小菌核。此外，病菌也可危害种子，造成烂种或芽枯，致幼苗不能出土或呈黑色顶枯。

2）传播途径和发病规律

病原菌主要以菌丝和菌核在土中或病残体内越冬。翌春以菌丝侵入寄主，在田间辗转传播蔓延。蚕豆各生育阶段均可发病，土温10～28 ℃时产生病害，以16～20 ℃为最适。长江流域11月中旬至翌年4月发病。土壤过湿或过干、沙土地及徒长苗、温度不适发病重。该菌寄主范围广，十字花科、茄科、葫芦科、豆科、伞形花科、藜科、菊科、百合科等多种蔬菜均可被侵害。

3）防治方法

（1）轮作倒茬，及时清除植株残留物，深翻晒土，减少病菌来源；用0.3%种子重量的40%拌种双粉剂或50%福美双可湿性粉剂拌种；适时播种，冬蚕豆避免晚播；适时中耕除草、浇水施肥，避免土壤过湿，可增施过磷酸钙，以提高植株抗病能力。

（2）蚕豆幼苗期开始，应按"无病早防，有病早治"要求，喷施针对性药剂多次防治，每隔7～10天喷1次，喷淋结合，喷匀淋透。常用药剂种类及用量：58%甲霜灵·锰锌可湿性粉剂500倍液喷雾；75%百菌清可湿性粉剂600～700倍液喷雾；20%甲基立枯磷乳油1 100～1 200倍液喷雾；72.2%普力克水溶性液剂600倍液喷雾。

7. 蚕豆菌核病

1）症状

蚕豆菌核病主要侵染成株期蚕豆植株茎部，发病初期，在靠地面茎基部先呈现水渍状褐色病斑，渐变为苍白色，可环绕茎部并向上、下蔓延，导致植株上部萎蔫和枯死。空气湿度大时，病部密生白色棉絮状菌丝。被侵染组织软化，后期变干枯和灰白色，表皮撕裂，病茎髓部变空，茎秆易折断;在菌丝体内或染病茎腔内产生菌核,初为白色,渐变褐色,最后呈黑色,扁圆形或鼠粪状。在多雨年份,低洼地和过密田块发病严重。

2)传播途径和发病规律

病原菌以菌核落在土壤里或混在种子中越冬。翌春当气温上升超过15 ℃后及空气比较潮湿时,产生子囊孢子,成为田间初侵染源,通过风、气流飞散传播侵染四周植株。病原菌也可以在土壤表面形成大量菌丝体,然后侵染植株的茎。空气相对湿度高于85%、温度15~20 ℃,利于菌核萌发和菌丝生长、侵入及子囊盘产生;空气相对湿度低于70%,病害扩展明显受阻。因此,低温、湿度大或多雨的早春或晚秋有利于该病发生和流行。该病大多在蚕豆开花时发生。

3)防治方法

(1)合理轮作,避免与苜蓿等豆科作物、马铃薯、油菜、向日葵等相邻或轮作;精选种子,确保种子不带病菌;深耕土壤;及时拔除病株,并带至田外深埋或焚烧掉;合理施肥与密植。

(2)用种子重量0.5%的粉锈宁可湿性粉剂,或种子重量0.3%~0.5%的多菌灵或甲基托布津进行拌种处理。发病初期喷施药剂,药剂种类和用量为:15%粉锈宁可湿性粉剂600倍液,70%甲基托布津可湿性粉剂1 000倍液,50%多菌灵可湿性粉剂600倍液,65%代森锰锌可湿性粉剂600倍液,25%三唑酮可湿性粉剂600倍液,70%甲基硫菌灵可湿性粉剂1 000倍液,50%苯菌灵可湿性粉剂1 000~1 500倍液,防治2~3次。

8.蚕豆霜霉病

1)症状

病原菌可以侵染蚕豆叶、茎和荚。叶片染病初期,首先在上表面出现轮廓不明显的淡黄色斑块,同时在变色区域内夹杂褐色的小斑点和不规则的斑块。叶片变色部分逐渐扩大,有时可达整个叶面。在叶片变色区域的背面，产生浅紫色茸毛状霉层。随着病情发生，病斑逐渐变为深褐色，最后干枯。顶部幼叶被侵染，病斑快速扩大，导致整个叶片被侵染，有时顶部的所有叶片和叶柄都被侵染，最后变为深褐色并枯死。

2)传播途径和发病规律

病原菌以卵孢子在土壤中或病残体上、种子上越冬。翌年条件适宜时，土壤内的卵孢子萌发产生游动孢子，从子叶下的胚茎侵入，菌丝向上扩展进入生长点，然后随生长点向上蔓延，进入芽或真叶，产生被系统侵染的病苗。随后产生大量孢子囊及孢子，借风雨传播蔓延，进行再侵染，经多次再侵染形成该病流行。一般雨季且气温为20～24 ℃时发病重，低温和潮湿的气候条件有利于病害流行。

3)防治方法

(1)选用抗病品种或从无病地留种；与非寄主作物实行2年以上的轮作；蚕豆收获后及时将病残体清除出田园，集中焚烧，并及时翻耕土地；科学施肥，合理密植。

(2)播前用种子重量0.3%的35%甲霜灵拌种剂拌种；发病初期开始喷洒1:1:200的波尔多液或90%三乙膦酸铝可湿性粉剂500倍液、72%克露或72%霜脲锰锌(克抗灵)可湿性粉剂800～1 000倍液、69%安克–锰锌可湿性粉剂或水分散粒剂1 000倍液、25%嘧菌酯悬浮剂1 000倍液、80%代森锰锌可湿性粉剂600～800倍液、72%普力克水剂800～1 000倍液等，每隔10天左右防治1次，连续防治2～3次。

9.蚕豆细菌性疫病

1)症状

发病部位多为茎秆、复叶叶柄和叶片基部。一般植株上，中部先发病，开始时出现黑色短条斑，水渍状，有光泽，病部时常凹陷，病斑扩大、合并，向下方蔓延，病茎变黑软化成典型茎枯状。叶片感病，一开始边缘变成灰黑色，后枯死脱落，仅留下枯干黑化的茎端。豆荚受害初期，其内部组织呈水渍状坏死，后逐渐变黑，豆荚外表皮坏死变黑。豆粒受害表面形成黄褐色至红褐色斑点。

2）传播途径和发病规律

病原菌在土壤中及病残体上越夏，是秋播蚕豆发病的主要初侵染源。该病以从植株地上部的伤口侵入为主，亦可从自然孔口侵入，经几天潜育即可发病。该病适宜在高温、高湿条件下发生，病菌生长最适温度为35 ℃，最高温度为37～38 ℃，最低温度为4 ℃。春季气温回升快、春雨多的年份常常造成大流行。久旱后突然降大雨，之后2～3天病害症状即可明显表现出来，并迅速蔓延，雨后滞水的田块发生最为严重。不同蚕豆品种对疫病有明显的抗病性差异。

3）防治方法

（1）合理轮作；建好排灌系统，高垄栽培，雨季注意排水，降低田间湿度；加强栽培管理，发病重的田块施硫酸钾10～15千克/亩，硫酸锌1～2千克/亩；初花期、初荚期喷2次硼肥。在低洼田内，勿密植；及时拔除病株，控制病害蔓延。

（2）发病田块在初花期和初荚期需喷药防治，尤其是在大暴雨过后及时喷药保护。可用药剂及用量为：72%农用链霉素可溶性粉剂3 000～4 000倍液喷雾；47%春雷·王铜（加瑞农）可湿性粉剂800～1 000倍液喷雾；50%琥胶肥酸铜可湿性粉剂500～600倍液喷雾；14%络氨铜水剂300倍液喷雾；77%氢氧化铜可湿性粉剂500～800倍液喷雾。

10.蚕豆花叶病毒病

1）症状

菜豆黄花叶病毒（BYMV）导致蚕豆系统花叶、幼叶被侵染初期出现明脉，随后表现为轻花叶以及褪绿；豌豆种传花叶病毒（PSbMV）导致花叶、斑驳或明脉症状，叶片卷曲，植株轻度矮缩，种子变小，种皮开裂并有坏死条斑，植株矮缩；蚕豆萎蔫病毒（BBWV）导致叶片花叶、明脉、皱缩，少花、不结实或结实率低；菜豆卷叶病毒（BLRV）引起顶叶褪绿黄化，叶柄缩短，叶缘上卷，叶片僵直上举、脉间黄化，植株矮缩呈宝塔形，叶片早落，结荚少或无荚。

2）传播途径和发病规律

病原功通过机械摩擦、蚜虫和种子传播。20～25 ℃和一般的湿度环境下，病害发展迅速；温度略高、气候干旱，有助于蚜虫种群的增长和蚜虫迁飞，从而促使病害扩散。

3）防治方法

（1）种植无病毒健康种子，及时拔除病株，可以有效控制初侵染源。

（2）蚜虫防治：用种子重量0.5%的10%吡虫啉可湿性粉剂拌种防治；在蚜虫发生初期喷施10%吡虫啉可湿性粉剂2 500倍液、丁硫克百威1 500倍液、50%辟蚜雾可湿性粉剂20倍液、20%康福多浓可溶剂4 000倍液或2.5%保得乳油2 000倍液。病毒病防治：在病害发生前或发病初期叶面喷施NS-83或88-D耐病毒诱导剂100倍液，或2%或8%宁南霉素水剂（菌克毒克），或6%低聚糖素水剂，或0.5%菇类蛋白多糖水剂，或20%盐酸吗咪胍·乙酸铜可湿性粉剂，或6%菌毒清，或3.85%病毒必克可湿性粉剂，或40%克毒宝可湿性粉剂，或20%病毒A 500倍液，或5%植病灵1 000倍液。

第三节　食用豆主要虫害防控技术

一　绿豆的主要虫害

绿豆的主要虫害有蚜虫、豆荚螟、绿豆象等。

1. 蚜虫

1)危害症状

图5-9　蚜虫

危害绿豆的蚜虫主要有豆蚜、豌豆蚜、棉长管蚜等。成、若蚜群聚在绿豆的嫩茎、幼芽、顶端心叶和嫩叶叶背、花器及嫩荚等处吸食汁液(图5-9)。绿豆受害后,叶片卷缩,植株矮小,影响开花结实。同时,蚜虫还是病毒的携带者,造成病毒病的传播。

2)发生规律

蚜虫一年可发生20多代,主要以无翅胎生雌蚜和若虫在杂草上过冬。蚜虫在温度高于25 ℃、空气相对湿度为60%～80%时发生严重。

3)防治方法

在无风的早晨或傍晚喷洒2.5%敌百虫粉,或2%杀螟松,或25%亚胺硫磷,或50%辟蚜雾可湿性粉剂2 000倍液等。

2. 豆荚螟

1)危害症状

图5-10　豆荚螟

幼虫危害叶、蕾、花及豆荚,卷叶为害或蛀入荚内取食幼嫩籽粒(图5-10),荚内及蛀孔外常堆积粪便,轻则把豆粒蛀成缺刻、孔洞,重则把整个豆荚蛀空,造成落蕾、落花、落荚和枯梢,受害豆荚味苦。

2)发生规律

每年发生3～4代,以老熟幼虫在寄主植物或晒场附近的土表下结茧越冬。翌年春天4—5月份成虫陆续羽化出土,成虫夜间活动,白天潜伏,有趋光性,飞行能力不强,在花蕾、嫩荚、嫩叶或叶柄上产卵。初孵幼虫蛀食嫩荚和花蕾,3龄后蛀入荚内食豆粒,可转荚造成危害,10—11月份老熟幼虫入土越冬。豆荚螟在高温干旱的情况下发生严重。

3)防治方法

(1)农业防治:水旱轮作;及时清除田间落花、落荚,摘除被害的卷叶和果荚;在冬、春季幼虫越冬期进行灌溉,可使越冬幼虫大量死亡。

(2)生物防治:老熟幼虫入土前,田间湿度高时,可施用白僵菌粉剂,每亩用1.5千克或干菌粉0.5千克加细土4.5千克。

(3)物理防治:利用成虫的趋光性,进行灯光诱杀。

(4)化学防治:在成虫发生盛期和卵孵化盛期喷药防治。可选用25%天达灭幼脲3号悬浮剂1 500倍液、2%天达阿维菌素乳液2 000倍液、10%溴虫腈(除尽)悬浮剂1 500倍液、5%氟虫脲(卡死克)可分散液剂1 500倍液、10%顺式氯氰菊酯(高效灭百可)乳油1 500倍液、2.5%敌杀死乳油2 000倍液、50%辛硫磷乳油1 000倍液、52.25%农地乐乳油1 000倍液、5%抑太保乳油2 000倍液等,每隔7天喷1次,可喷药1～3次。

3.豇豆荚螟

1)危害症状

以幼虫蛀食豆类作物的果荚和种子,蛀食早期果荚造成落荚,蛀食后期果荚造成种子被食,蛀孔外堆有腐烂状的绿色粪便。此外,幼虫还能吐丝缀卷几张叶片在内蚕食叶肉,以及蛀食花瓣和嫩茎,造成落花、枯梢,严重影响产量和品质。严重受害地区,蛀荚率在70%以上,受害豆荚味苦,不堪食用。

2)发生规律

以蛹在土中越冬。每年6—10月份为幼虫危害期。成虫有趋光性,卵散产于嫩荚、花蕾和叶柄上,卵期2～3天。幼虫共5龄,初孵幼虫蛀入嫩荚或花蕾取食,造成蕾、荚脱落;3龄后蛀入荚内食害豆粒,每荚1头幼虫，少数2～3头，被害荚在雨后常致腐烂。幼虫亦常吐丝缀叶为害。幼虫期8～10天。老熟幼虫在叶背主脉两侧作茧化蛹，亦可吐丝下落土表或落叶中，结茧化蛹。蛹期4～10天。豇豆荚螟对温度适应范围广，7～31 ℃都能发育，但最适温度为28 ℃、相对湿度为80%～85%。

3）防治方法

（1）农业防治：及时清除田间落花、落荚，并摘除被害的卷叶和豆荚，以减少虫源。

（2）物理防治：在豆田架设黑光灯，诱杀成虫。

（2）化学防治：采用20%三唑磷乳油700倍液或40%灭虫清乳油30毫升/亩，或使用20%氯虫苯甲酰胺悬浮剂（康宽、普尊等），对水50～60千克，从现蕾开始，每隔10天喷蕾、花1次，可控制虫害。

4. 豆银纹夜蛾

1）危害症状

以幼虫食叶成孔洞或缺刻，严重时将叶片吃光，引起作物大量落花、落荚，严重影响产量。

2）发生规律

北方地区一年发生2～3代，浙江一年发生5代，第2～4代主要危害大豆，7—9月份为发生盛期，以蛹越冬。成虫具趋光性，卵散产或成块产于叶背，老熟幼虫在植株上结茧化蛹。豆银纹夜蛾生长发育适宜温度为15～35 ℃，最适温度为20～30 ℃、相对湿度为60%～80%。夏、秋季节少雨的年份一般发生严重。

3）防治方法

防治宜掌握在1、2龄幼虫始盛期进行，用药间隔期为7～10天，连防1～2次。药剂可选用Bt生物药剂（苏云金杆菌）500～1 000倍液，或1%杀虫素乳油2 000～2 500倍液，或0.6%灭虫灵乳油1 000～1 500倍液，或

5%卡死克乳油2 000～2 500倍液，或20%绿得福微乳剂600～800倍液，或2.5%敌杀死2 000倍液等。

5. 棉铃虫

1)危害症状

幼虫取食豆类作物叶片，导致叶片缺刻或孔洞，严重时可将全叶吃光，仅剩叶脉。

2)发生规律

发生的代数因年份、地区而异。第1代主要在麦田造成危害，第4、5代幼虫会成为豆类、蔬菜和果树等作物上的主要害虫。

3)防治方法

自棉铃虫卵孵化盛期到幼虫2龄前，施药效果最好。棉铃虫的防治应以生物性农药或对天敌杀伤小的农药为主。棉铃虫发生较重地块，在成虫产卵盛期施药，控制效果较理想。可施用1%甲维盐1 500倍液、1.8%阿维菌素乳油2 000倍液或每亩10毫升康宽对水30千克喷雾、2.5%抑太保或卡死克乳油1 000倍液、75%硫双灭多威可湿性粉剂1 500～2 500倍液、2.5%天王星乳油3 000倍液、20%虫死净可湿性粉剂2 000倍液等杀虫剂。

6. 蛴螬

1)危害症状

金龟子的幼虫，俗称“白地蚕”，主要有东北大黑鳃金龟子和华北大黑鳃金龟子。杂食性害虫，幼虫能咬断绿豆的根、茎(图5-11)，使幼苗枯

图5-11　蛴螬

萎死亡，造成缺苗断垄。成虫可取食叶片。

2）发生规律

蛴螬的发生和危害与温度、湿度等环境条件有关，最适宜的温度是10～18 ℃，而温度过高或过低时则停止活动，故春、秋两季危害最重；连绵阴雨天气，土壤湿度较大，发生严重。

3）防治方法

（1）药剂拌种：用40%乐果乳剂或50%辛硫磷，按药：水：种子量=1：40：500的比例拌种，拌种后堆闷3～4小时，待种子吸干药液再播种。

（2）药剂防治：蛴螬1龄期，每亩用呋喃丹颗粒剂2.50千克，撒在绿豆根部，结合除草培土埋入根部；或用50%辛硫磷乳油0.25千克加水2 000千克灌根；或向地里撒配制好的毒谷或毒土，每亩用干谷0.50～0.75千克煮至半熟，捞出晾干后拌入2.5%敌百虫粉0.30～0.45千克，沟施或穴施，可于播种前撒在播种沟内。

7.双斑萤叶甲

1）危害症状

以成虫危害叶片和花为主。

2）发生规律

以卵在土中越冬。5月份开始孵化，幼虫全部生活在土中。成虫7月初开始出现，一直延续至10月份。成虫有群聚为害习性，往往在一单株作物上自下而上取食，而邻近植株受害轻或不受害。有弱趋光性。当早晚气温低于8 ℃，或在大风、阴雨和烈日等不利条件下，则隐藏在植物根部或枯叶下。卵散产或几粒粘在一起，一次可产卵30余粒，一生可产卵200多粒，卵耐干旱。

3）防治方法

（1）农业防治：清除杂草，减少春季过渡寄主，降低双斑萤叶甲种群数量,减轻危害。

(2)化学防治:田间发生量大时,在清晨成虫飞翔能力弱的时间,选用10%吡虫啉可湿性粉剂2 500倍液、菊酯类(氯氰菊酯、杀灭菊酯、三氟氯氰菊酯等)农药1 500倍液喷雾,或用45%吡虫啉·毒死蜱乳油1 500倍液喷雾,可同时兼治黏虫、蓟马、金龟子等。

8.绿豆象

1)危害症状

绿豆象是一种世界性分布的仓储害虫。主要以幼虫潜伏在豆粒内部蛀食种子造成危害(图5-12),或在仓库的绿豆中反复产卵繁殖,或飞到田间的豆荚上产卵后随收获的绿豆种子回到仓库,一年内繁殖数代,交叉侵染。绿豆象的危害率可高达80%甚至更高,凡被其侵害过的绿豆,基本"十粒九空",不能食用。

图5-12　绿豆象

2)发生规律

一年发生4~5代,南方可发生9~11代,成虫与幼虫均可越冬。成虫可在仓内豆粒上或田间豆荚上产卵,每只雌虫可产卵70~80粒。成虫善飞翔,并有假死习性。幼虫孵化后即蛀入豆荚豆粒。

3)防治方法

(1)化学防治:磷化铝熏蒸法。每50千克绿豆使用1~2片磷化铝片,或者使用5~10粒磷化铝丸剂(颗粒)。绿豆装入薄膜袋,必要时使用双层袋,用纱布或卫生纸包好磷化铝片剂或丸剂,放置在袋子的中央部位立即密封薄膜袋。熏蒸大批量时,使用密闭性好的熏蒸室,1吨绿豆使用3~8片磷化铝片,或者15~40粒丸剂。熏蒸时间视温度而定,10~

16 ℃不少于7天；16～25 ℃不少于4天；25 ℃以上不少于3天。熏蒸完毕后，采用自然或机械通风，充分散气2天以上，排净毒气。作业时，应佩戴防毒面具，穿工作服，戴手套；若吸入毒气，迅速脱离现场至空气新鲜处，保持呼吸道畅通。熏蒸结束，应将灰白色残渣立即运到远离水源50米以外僻静的地方，挖坑深埋，掩埋深度至少为0.7米。

（2）物理防治：冷冻法。将原料置于冰箱冷冻室或冰柜12小时左右，取出晾干后，放入已进行了清洁预防处理的仓库。如果量大，可在-5～0 ℃商业冷库中放置30天即可完全防控绿豆象，或在-10 ℃商业冷库中放置10天以上即可。

9. 朱砂叶螨

1）危害症状

朱砂叶螨又名棉红蜘蛛，俗称大蜘蛛。朱砂叶螨以成虫和若虫在叶片背面吸食植物汁液。一般先从下部叶片发生，逐渐向上蔓延。受害叶片表面呈现黄白色斑点，严重时叶片变黄干枯，田间呈火烧状，植株提早落叶，影响籽粒形成，导致减产。

2）发生规律

一年发生10～20代，发生的最适温度为29～31 ℃、相对湿度为35%～55%。一般在5月底至7月底发生，高温、低湿时危害严重，干旱年份危害严重。

3）防治方法

（1）农业防治：清洁田园，铲除田边杂草，清除残株败叶。

（2）化学防治：在发生初期喷施35%杀螨特乳油1 000倍液、5%尼索朗乳油2 000倍液、5%卡死克乳油1 000～1 500倍液、20%螨克1 000～1 500倍液、0.9%爱福丁乳油3 500～4 000倍液。每隔7～10天喷1次，视情况连喷2～3次。喷药重点部位主要是植株上部嫩叶、嫩茎、花器和嫩果，注意轮换用药。

二 豌豆的主要虫害

豌豆的主要虫害有蚜虫、豌豆象、美洲斑潜蝇等。

1.蚜虫

1)危害症状

成、若蚜群聚在豌豆的嫩茎、幼芽、顶端心叶和嫩叶叶背、花器及嫩荚等处吸食汁液。豌豆受害后，叶片卷缩，植株矮小，影响开花结实。一般减产20%左右。

2)发生规律

蚜虫一年可发生20多代，主要以无翅胎生雌蚜和若虫在杂草上越冬。蚜虫在温度高于25 ℃、相对湿度为60%～80%时发生严重。

3)防治方法

喷施50%辟蚜雾可湿性粉剂2 000倍液或10%吡虫啉可湿性粉剂2 500倍液。

2.豌豆象

1)危害症状

危害豌豆、菜豆、扁豆，主要以幼虫潜伏在豆粒内部蛀食种子为害，危害率可高达80%甚至更高，凡被其侵害过的豌豆，基本“十粒九空”，不能食用。

2)发生规律

一年发生1代，成虫可越冬。卵一般散产于豌豆荚两侧，多为植株中部的豆荚上，雌虫可产卵700～1 000粒，冬播产区产卵盛期一般在5月初，卵期7～9天，幼虫期约35天。成虫寿命可达330天，成虫迁飞能力强。

3)防治方法

(1)田间化学防治:注意群防群治,药剂可选用4.5%高效氯氰菊酯乳油1 000～1 500倍液、0.6%灭虫灵1 000～1 500倍液、90%敌百虫晶体1 000倍液或90%灭多威(万灵)可湿性粉剂3 000倍液等,在豌豆初花期进行防治。

(2)仓储化学防治:主要推荐使用磷化铝熏蒸法,每50千克豌豆使用1～2片磷化铝片,或者使用5～10粒磷化铝丸剂(颗粒)。豌豆装入薄膜袋,必要时使用双层袋,用纱布或卫生纸包好磷化铝片剂或丸剂,放置在袋子的中央部位立即密封薄膜袋。熏蒸大批量时,使用密闭性好的熏蒸室,1吨豌豆使用3～8片磷化铝片,或者15～40粒丸剂。熏蒸时间视温度而定,10～16 ℃不少于7天;16～25 ℃不少于4天;25 ℃以上不少于3天。熏蒸完毕后,采用自然或机械通风,充分散气2天以上,排净毒气。作业时应佩戴防毒面具,穿工作服,戴手套。若吸入毒气,迅速脱离现场至空气新鲜处,保持呼吸道畅通。熏蒸结束,应将灰白色残渣立即运到远离水源50米以上的僻静的地方,挖坑深埋,掩埋深度至少为0.7米。

(3)物理防治:采取冷冻法,将原料置于冰箱冷冻室或冰柜12小时左右,取出晾干后,放入已进行了清洁预防处理的仓库。量大时可以考虑在-5～0 ℃商业冷库中放置30天即可完全防控豌豆象,或在-10 ℃商业冷库中放置10天以上即可。

3. 美洲斑潜蝇

1)危害症状

幼虫潜入豌豆叶片表皮下,曲折穿行,取食叶肉,造成不规则灰白色线状隧道(图5-13)。危害严重时,叶片上布满蛀道,尤以植株

图5-13　美洲斑潜蝇

基部叶片受害最重。一张叶片常寄生有几头到几十头幼虫，叶肉全被吃光，仅剩两层表皮，受害植株提早落叶，影响结荚，甚至使植株枯萎死亡。

2）发生规律

一年发生的代数因地而异，安徽地区一年可发生10～13代。以蛹越冬为主，也有少数以幼虫或成虫越冬。越冬代成虫于3月份盛发，第2代成虫在4月间发生，此后世代重叠。春季危害最为严重，成虫活跃，白天活动，吸食花蜜且对甜汁有趋性。夜间静伏于枝叶等隐蔽处，在气温为15～20 ℃的晴天夜晚或微雨之后，仍可爬行或飞翔。卵产于叶背边缘叶肉内，以嫩叶上较多，产卵处叶面呈现灰白色小斑点。卵散产，每处1粒。雌虫可产卵50～100粒。幼虫孵出后，即由叶缘向内取食叶肉，留下表皮形成灰白色弯曲隧道。老熟幼虫在隧道末端化蛹，化蛹前将隧道末端表皮咬破，以便于成虫羽化飞出。成虫寿命7～20天，气温高时7～10天。日平均温度在15.6～22.7 ℃时，卵历期为5～6天，幼虫历期为5～7天，蛹历期为8～12天。

3）防治方法

（1）农业防治：早春及时清除田间、田边杂草和栽培作物的老叶、脚叶，以减少虫源；蔬菜收获后及时处理残株叶片，焚烧或沤肥，消除越冬虫蛹，减少下一代发生数量，压低越冬基数。

（2）物理防治：利用成虫性喜甜食的习性，在越冬蛹羽化为成虫的盛期，点喷诱杀剂（诱杀剂配方：用3%红糖液或甘薯或胡萝卜煮液为诱饵，加0.05%敌百虫为毒剂）。在成虫暴发的盛期，也可用粘虫板诱杀成虫。

（3）化学防治：在始见幼虫危害时即进行药剂防治。幼虫处于初龄阶段，大部分幼虫尚未钻蛀隧道，药剂易发挥作用。使用3%阿维·氟铃脲2 000倍液，或3%阿维·高氯2 000倍液，或1.8%阿维菌素乳油2 000倍液喷雾，辅之以有机硅渗透剂，每隔7～10天喷1次，交替喷2～3次。如果危害较为严重,可适当提高药剂浓度。

三 蚕豆的主要虫害

1.蚜虫

1)危害症状

图5-14 蚜虫

世界上危害蚕豆的蚜虫有许多种,在我国主要为豆蚜、蚕豆蚜、桃蚜、豌豆蚜等,分类上属同翅目、蚜总科,在全国各地均有分布。蚜虫的成虫和若虫刺吸嫩叶、嫩茎、花及豆荚的汁液,使生长点枯萎,叶片卷曲、皱缩、发黄,嫩荚变黄,造成植株生长不良,直至枯萎死亡(图5-14)。蚜虫能够以半持久或持久方式传播病毒,是蚕豆多种病毒的最重要传毒介体。对黄色有较强的趋性,对银灰色有避忌习性,且具较强的迁飞和扩散能力。

2)发生规律

一年发生20~30代,一代需4~17天,冬季在蚕豆或豌豆上取食。每年5—6月份和10—11月份发生较多。适宜蚜虫生产繁殖的温度为8~35 ℃,最适温度为24~26 ℃、相对湿度为60%~70%。

3)防治方法

(1)生物防治:保护和利用天敌。

(2)农业防治:清除虫源植物,播种前和生产中要清除田间及周边的杂草;加强田间管理,创造湿润而不利于蚜虫滋生的田间小气候。

(3)物理防治:利用蚜虫的趋黄性,采用黄板诱杀迁飞的有翅蚜。

(4)化学防治:要重视早期防治,用种子重量0.4%的10%吡虫啉可湿性粉剂处理种子，可以有效控制前期蚜虫为害。在蚜虫发生初期喷施10%吡虫啉可湿性粉剂2 500倍液、22.4%螺虫乙酯（亩旺特）悬浮剂2 000倍液、20%丁硫克百威乳油1 500倍液、50%辟蚜雾可湿性粉剂2 000倍液、绿浪1 500倍液、20%康福多浓可溶剂4 000倍液或2.5%保得乳油2 000倍液。每隔7～10天喷雾防治1次，连续用药2～3次。

2. 美洲斑潜蝇

1）危害症状

美洲斑潜蝇为世界上十分严重和十分危险的多食性斑潜蝇之一。除青海、西藏、黑龙江外，我国其他各省（区、市）均有发生。成虫吸取植株叶片汁液，卵产于植物叶片的叶肉中；初孵幼虫潜食叶肉，并形成隧道；老龄幼虫咬破隧道爬至隧道外化蛹。主要随寄主植物的叶片、茎蔓传播。寄主植物有110余种，其中茄科和豆科受害最重。幼虫和成虫危害叶片率可达10%～80%，幼虫和成虫还可传播病害。对农药抗性产生快。

2）发生规律

世代周期随温度而变化：15 ℃时约50天发生1代，20 ℃时约16天发生1代，30 ℃时约12天发生1代。成虫具有趋光、趋绿特性，对黄色趋性更强。

3）防治方法

（1）农业防治：考虑种植布局，蚕豆栽培地块应远离瓜类、茄果等蔬菜地块。在虫害发生高峰时，摘除带虫叶片并销毁。依据其趋黄习性，利用黄板或者灭蝇纸诱杀成虫。

（2）生物防治：投放天敌寄生蜂，在不用药的情况下，天敌寄生蜂的寄生率可超过50%。

（3）化学防治：刚发现幼虫时（叶片可见1～2头），及时选用具有内吸、触杀作用的杀虫剂，如阿维菌素、甲维盐等进行叶面喷雾，每隔7～10

天喷1次，连续喷3～5次。

3.夜蛾类害虫

1)危害症状

危害蚕豆的夜蛾类害虫主要有甘蓝夜蛾、甜菜夜蛾和斜纹夜蛾，属于鳞翅目夜蛾科的不同种。甘蓝夜蛾食性极杂，有间歇性、局部暴发的特点，以幼虫啃食叶片为害；甜菜夜蛾是一种世界性分布、间歇性大发生的杂食性害虫，以幼虫啃食叶片甚至剥食茎秆皮层为害；斜纹夜蛾是一种暴食性和杂食性害虫，主要以幼虫为害全株，初孵幼虫群集取食，3龄前仅取食叶片的下表皮和叶肉，残留上表皮和叶脉，使被害叶片呈现网状，3龄后分散危害叶片、嫩茎，老龄幼虫可蛀食果实，严重时可将全田作物吃光。

2)发生规律

一年发生6～8代，高温干旱年份发生代数更多。白天潜藏于植株下部或土缝中，傍晚爬出取食造成危害，成虫昼伏夜出，有强趋光性。

3)防治方法

(1)农业防治：清除杂草，蚕豆收获后翻耕晒土或灌水，以减少虫源。

(2)物理防治：盛发期应用黑光灯诱杀，还可用糖醋酒液(糖∶醋∶酒∶水=3∶4∶1∶2)加少量杀虫剂诱蛾。

(3)化学防治：挑治或全面防治，可选用50%高效氯氰菊酯乳油1 000倍液加50%辛硫磷乳油1 000倍液，或21%灭杀毙乳油6 000～8 000倍液，或20%米满1 000～1 500倍液，交替喷施，喷药应在傍晚进行，每隔7～10天喷1次，连续喷2～3次。

4.花蓟马

1)危害症状

成虫、若虫喜群集在花内取食造成危害，花器、花瓣受害后白化，经日晒后变为黑褐色，受害严重的花朵萎蔫。叶片受害后呈现褪绿或黄色的不规则小斑点、银白色条斑，叶片皱缩不平展，严重的枯焦萎缩；蚕豆荚受害后产生许多大小不一的疱突，突起物表皮开裂后呈现黑色（图5-15）。

图5-15　花蓟马

2）发生规律

4月下旬出现第一代，20 ℃时发生1代需20～25天，一年可发生11～14代。

3）防治方法

幼苗出土前喷洒杀虫剂，进行一次预防性防治，可压低虫口基数。开花初期是花蓟马为害高峰期，每株15头左右时施药。可选用10%吡虫啉可湿性粉剂2 000倍液、10%除尽乳油2 000倍液、1.8%爱比菌素4 000倍液、35%赛丹乳油2 000倍液。此外，还可选用10%大功臣可湿性粉剂每亩2克对水60千克后喷雾。

5. 大青叶蝉

1）危害症状

以成虫和若虫危害蚕豆叶片，刺吸汁液，造成叶片畸形、卷缩，甚至全叶枯死。此外，大青叶蝉还可传播病毒病。

2）发生规律

一年发生10代左右，成虫具趋光性，中午活动频繁。

3)防治方法

(1)生物防治:人工饲养和释放赤眼蜂、叶蝉柄翅卵蜂等寄生蜂。

(2)物理防治:发生期利用黑光灯诱杀。

(3)化学防治:成虫发生高峰期喷施50%叶蝉散可湿性粉剂1 000倍液或10%吡虫啉可湿性粉剂2 500倍液等。

6.绿芫菁

1)危害症状

以成虫取食植物叶片,严重时可将叶片吃光(图5–16)。

图5–16 绿芫菁

2)发生规律

一年发生1代。5月份出现成虫,有假死性和群集性。

3)防治方法

(1)农业防治:秋收后深翻田块,利用冬季低温杀灭部分幼虫;根据成虫假死性和群集性,可在清晨用网捕捉成虫,集中杀灭。

(2)化学防治:喷施2.5%溴氰菊酯乳油8 000 ~ 10 000倍液、50%辛硫磷乳油1 500 ~ 2 000倍液、菊杀乳油2 000倍液或2.5%功夫乳油4 000倍液杀灭成虫。

7.中华弧丽金龟

1)危害症状

以成虫群集取食叶片,造成不规则缺刻或孔洞,严重的仅残留叶脉,有时食害花或果实;幼虫危害地下组织,将根或靠近地面的茎咬断。

2)发生规律

一年发生1代。幼虫在土壤内越冬,春季在表土层危害植株根系。6月成虫出土后取食叶片。

3)防治方法

(1)农业防治:在深秋或初冬翻耕土地,可杀灭越冬幼虫15%~30%;与其他作物轮作;避免施用未腐熟的厩肥;合理施肥,如施用碳酸氢铵、腐植酸铵、氨水等后会散发出氨气,对地下幼虫有一定的驱避作用;合理灌溉,创造不适于幼虫蛴螬生活的环境。

(2)化学防治:成虫数量较多时,喷施50%辛硫磷乳油1 500倍液、25%爱卡士乳油1 500倍液、10%吡虫啉可湿性粉剂1 500倍液,以杀灭成虫。对于幼虫防治,采用50%辛硫磷乳油每亩200~250克,加水稀释10倍喷于25~30千克细土上拌匀制成毒土,顺垄条施,随即浅锄,或将该毒土撒于种沟或地面,随即耕翻或混入厩肥中施用;用2%甲基异柳磷粉剂每亩2~3千克拌细土25~30千克制成毒土;5%辛硫磷颗粒剂或5%地亚农颗粒剂,每亩2.5~3千克处理土壤。

8.地老虎

1)危害症状

地老虎包括小地老虎、大地老虎和黄地老虎等,是危害较大的地下害虫之一。危害蚕豆的主要是小地老虎,以幼虫将幼苗近地面的茎部咬断,使整株死亡,造成缺苗断垄。成虫从虫源地区交错向北迁飞为害。成虫产卵多在土表、植物幼嫩茎叶上和枯草根际处,散产或堆产。高温和低温均不适于地老虎生存、繁殖。成虫盛发期遇有适量降雨或灌水时常导致大发生。

2)发生规律

一年发生4~5代。昼伏夜出活动。

3)防治方法

(1)农业防治:春季清除田间地边杂草,消灭卵和幼虫;采用糖醋酒液诱杀，可用红糖或代用品60份、酒10份、水100份，加90%以上敌百虫原药1份，按比例配成，每3～5亩放置1盆进行毒杀。

（2）物理防治：黑光灯诱杀成虫。

（3）化学防治：小地老虎1～3龄幼虫期抗药性差，可喷施20%氰戊菊酯3 000倍液、10%溴·马乳油2 000倍液、90%敌百虫800倍液进行防治。

9. 豆象

1）危害症状

豆象属鞘翅目叶甲总科豆象科昆虫。该科昆虫主要危害豆科植物的种子。大多数种类在野外，部分在仓库内生活。在气温较高的地区和仓库内能全年繁殖，危害蚕豆的豆象主要是蚕豆象、绿豆象、四纹豆象和菜豆象。

蚕豆象以幼虫在蚕豆种子内食害子叶部分。被害新鲜豆粒种皮外部先显小黑点，为幼虫蛀入点。收获后，幼虫在豆内食害，最终形成空洞，表皮变黑色或赤褐色，食用时有苦味，影响蚕豆产量、品质和发芽率。绿豆象以幼虫蛀荚，食害豆粒，或在仓内蛀食贮藏的豆粒，虫蛀率为20%～30%，甚至达100%。菜豆象是多种菜豆和其他豆类的重要害虫，幼虫在豆粒内蛀食，对储藏的食用豆类造成严重危害。四纹豆象可在田间和仓内为害。豆象的成虫或幼虫在豆粒内越冬，除青海外，所有的蚕豆产区均有豆象为害；主要通过被害种子的调运，进行远距离传播。成虫通过飞翔可近距离传播，一般虫蛀率在20%～30%，高的甚至在80%以上。

2）发生规律

一年发生1代。以成虫在豆粒内、仓库荫蔽处越冬。3月份蚕豆开花前后飞往田间交尾产卵，幼虫孵化后蛀入豆荚取食。

3）防治方法

（1）严格检疫：菜豆象和四纹豆象是我国对外检疫对象，蚕豆象和豌豆象是国内部分省(区、市)的检疫对象。尤其是来自疫区的豆类种子,需经检疫及处理合格后才可调运。

(2)农业防治:清洁田园,及早收获并清理田间杂草和蚕豆秆,深翻或使用百草枯、草甘膦彻底清除田间杂草,以减少豆象寄主范围;清洁仓库,尤其要对仓库缝隙、旮旯以及仓外的草垛、垃圾等卫生死角进行清理,彻底通风降温,冻死隐匿在仓库的成虫,同时进行熏蒸。

(3)物理防治:

①晴天摊晒。一般摊晒厚度为3~5厘米,每隔半小时翻动一次,温度升到50 ℃,保持4~6小时,粮食温度越高,杀虫效果越好。也可以用塑料袋密封包装后,放置于太阳下曝晒,其温度更容易达到杀虫所需高温。

②低温冷冻。

③拌糠除虫。将蚕豆进行曝晒,使种子内的水分降到12%以下。仓储时先在底层铺上3~5厘米厚的稻壳,然后放10~15厘米厚的蚕豆,再铺3~5厘米厚的稻壳,再放一层蚕豆,如此一层稻壳,一层蚕豆,到最上层用20~30厘米厚的稻壳完全密闭保存。

(4)生物防治:利用1%的Bt乳剂拌蚕豆,可降低绿豆象虫口密度98%,持效期长达1年;用灭幼脲1号按5毫克/升、10毫克/升、15毫克/升和30毫克/升拌蚕豆,5毫克/升防护效果可达98.75%,10毫克/升就能有效地抑制绿豆象的繁殖,30毫克/升则可完全抑制后代发生。

(5)化学防治:

①田间化学防治:蚕豆象的防治要掌握在蚕豆象产卵之前(始花期)、成虫产卵盛期(常与蚕豆结荚盛期相吻合)及幼虫孵化盛期施药防治产卵的成虫和初孵幼虫,药剂可选用4.5%高效氯氰菊酯乳油1 000~1 500倍液,或0.6%灭虫灵1 000~1 500倍液,或90%敌百虫晶体1 000倍液,或90%万灵可湿性粉剂3 000倍液,或6.5%氯氰·啶虫脒2 000~2 500

倍液等,防治时间以晴天的10:00和15:00左右最佳。当豆荚开始成熟时喷第一次药,1周后再喷第二次。此外,因蚕豆象成虫具有较强的迁飞能力,在蚕豆种植区的家家户户要进行联防联治,才能彻底防除。

②磷化铝熏蒸:气温20~30 ℃时,使用磷化铝9克/米^3,时间48小时(仓内温度12~15 ℃时密闭5天,16~24 ℃时密闭4天,25 ℃以上时密闭3天,杀虫效果均达到100%,且不影响种子发芽)。注意必须严格按操作要求使用,避免人畜中毒。首先将蚕豆晒干至储藏籽粒含水量标准(一般在12%左右)。贮粮容器在处理前,除留一施药口外,其余都必须做好密封。施药时选择晴天,按每200~300千克蚕豆用磷化铝1片(3.3克/片)的用量,打开磷化铝瓶盖,取药,盖好瓶盖,迅速用布片将药分片包好(用小布片或厚纸片),立即将药包埋入粮食中(将药包埋在粮堆或粮袋中间,多药包时,则应均匀分点埋入),投药后立即做好容器或仓库的密封。

③磷化氢熏蒸:当气温在15 ℃以上时,保持熏蒸场所内磷化氢的平均浓度不低于1毫升/升,处理72小时能100%杀死各虫态。

④其他:用甲烷35克/米^{3}熏蒸48小时;二硫化碳200~300克/米^{3}或氯化苦25~30克/米^{3}或氢氰酸30~50克/米^{3}处理24~48小时,可杀灭各虫态。

第四节 食用豆病虫害综合防控技术

一 综合防控

单独使用任何一类防治方法,都不能全面有效地解决病虫害问题,必须从农业生态系统总体观点出发,根据病虫害与环境之间的相互关系,因地制宜地协调运用必要的措施,将其控制在经济损失允许水平之下，才能获得最佳的经济效益、生态效益和社会效益。我国早在1975年就提出了“预防为主，综合防治”的植物保护方针。如今，已由单一病虫的防治，发展到以植物整个生育期甚至周年生产中的主要病虫为对象的综合防治。

二 病虫害防治的途径

防治病虫害基本有以下4个途径：

(1)改变农田生物群落的组成，使病虫的种类和数量减少、天敌的种类和数量增多。

(2)改变环境条件，使其不利于病虫发生而有利于天敌生存。

(3)提高农作物的病虫抗性，减少被害的可能性。

(4)直接消灭病原菌和害虫。

三 病虫害防治方法

按作用和应用技术，防治方法可分为植物检疫、农业防治、生物防治、物理防治和化学防治5类。

1.植物检疫

植物检疫是指植物检疫机构对地区间调运的植物及农产品进行检验和处理，以禁止或限制危险病虫草等的人为传播，消灭其为害所采取的植物保护措施。

2.农业防治

农业防治是指综合运用农业技术措施，改变不利环境因素、降低有害生物的数量，提高植物抗性，创造有利于植物生长发育而不利于有害生物发生的农田生态环境，直接或间接地消灭或抑制有害生物的发生与危害的方法。

农业防治是最经济、最安全的防治方法，是“预防为主，综合防治”的根本措施。

（1）选用抗性品种。培育推广抗病、抗虫品种是最为经济有效的防治措施。

（2）使用无病虫害的繁殖材料。生产和使用无病虫害的种子及其他繁殖材料，执行无病种子繁育制度，在无病或轻病地区建立种子生产基地和各级种子田，并采取严格的防病和检疫措施，可有效防止病虫害传播和减少病虫源基数。

（3）建立合理的种植制度。单一的种植模式为病虫害提供了稳定的生态环境，易导致病虫害暴发。合理轮作有利于作物生长、提高抗病虫能力，同时恶化病虫的生存环境、减轻病虫为害。

（4）科学田间管理。深耕改土、合理密植、科学施肥与水分管理、中耕除草等措施，都有利于作物生长发育、提高抗性，同时恶化土壤中病虫的生存环境、减少初侵染源和害虫虫源。

3. 生物防治

生物防治是指利用有益生物或者生物的代谢产物控制有害生物种群数量的方法，包括以天敌昆虫防治害虫、微生物防治病虫害等。生物防治可以改变生物种群组成、直接消灭病虫害，不会引起害虫产生抗性，不污染环境。但局限性较大，需结合其他防治方法使用。

（1）天敌昆虫：蜻蜓、草蛉、瓢虫、食蚜蝇、寄生蜂等。

（2）昆虫病原微生物：细菌杀虫剂，如苏云金杆菌；真菌杀虫剂，如白僵菌；病毒杀虫剂，如核多角体病毒等；抗生菌，如“5406”等。

（3）昆虫激素：性外激素、保幼激素等。

4. 物理防治

物理防治是指利用物理因子和器械设备等防治有害生物的方法，如频振式杀虫灯、黑光灯、蓝黄板、防虫网、银灰膜、高温、冷冻等。本法见效快，效果好，无污染。

5.化学防治

化学药剂方便运输和长时间保存，防治病虫，见效快、使用方便，便于机械化操作，杀虫杀菌谱广，是防止病虫害大发生的最有效方法。但药剂一般都成本较高，且具有一定毒性，易造成人畜中毒、误杀有益生物、污染环境。长期使用导致病虫产生抗性。

应选择高效、低毒、低残留、环境友好型农药，优化集成农药的轮换交替使用、精准使用和安全使用等配套技术。

(1)对症下药。在充分了解农药性能和使用方法的基础上，根据病虫种类，选择合适的农药类型和剂型。

(2)适期用药。根据病虫害发生规律，严格掌握最佳防治时期，做到适时用药。病害要在发病初期防治，以控制发病中心，防止蔓延发展；虫害要治早、治小、治了，高龄防治效果差。

(3)科学用药。轮换交替使用不同作用机制的农药，不能长期单一化，防止病虫产生抗药性。

四 农药科学安全使用方法

1.无人机药剂配制方法

1)剂型

无人机以喷雾方式进行作业，药液稀释度较低，应首选水基化剂型，如悬浮剂、微乳剂、水乳剂、乳油、水剂等。

2)农药混配方法

(1)根据产品说明以及病虫草害的严重程度，确定药剂每亩使用量。

(2)根据作物高度、密度以及病虫草害防治的要求，确定每亩药液

（混好后）的使用量。

（3）假设地块面积为100亩，每亩药液使用量为800毫升，药剂A的每亩使用量为50克，药剂B的每亩使用量为60克，则：

药剂A的使用量=50克/亩×100亩=5 000克；

药剂B的使用量=60克/亩×100亩=6 000克；

需要的药液量=800毫升/亩×100亩=80 000毫升；

需加入水量=需要的药液量−（药剂A的使用量+药剂B的使用量）

=80 000毫升−（5 000毫升+6 000毫升）=69 000毫升。

计算中，药剂的单位“克”可当作“毫升”来近似处理。

总用水量与田块形状（是否需要手动补喷）、飞手操作情况等都有关系，一般需要有余量。

3）配药步骤

采用“二次稀释法”配药。先用一个小桶，加少量水，将药剂A混合均匀，将其倒入已经装有一半水的大桶中，搅拌；药剂B同法混合。最后向大桶中补足水量，一边加水一边搅拌，充分混匀。

4）药剂加入顺序

叶面肥、水分散粒剂、悬浮剂、微乳剂、水乳剂、水剂、乳油依次加入。药液必须充分混匀，尽量避免使用可湿性粉剂和不易溶解的叶面肥等。

2.农药科学安全使用技术要点

农药是有毒的农业投入品，使用不当不但影响药效，而且能对作物产生药害，或引起人畜中毒和环境污染。为科学安全使用农药，避免中毒事故发生，现将有关农药安全、科学使用技术简介如下：

1）合理选药

（1）根据防治对象选择对路药剂。

(2)优先选用高效、低毒、低残留农药,优先选用生物农药,坚决不用国家明令禁止使用的农药。

(3)选用水乳剂、微乳剂、悬浮剂、水溶性粒剂等环保剂型产品。

2)安全配制

(1)用准药量。根据农药标签上推荐的用药量使用,不随意混配农药,或任意加大用药量。

(2)采用“二次法”稀释农药。水稀释的农药:先用少量水将农药稀释成“母液”,再将“母液”稀释至所需要的浓度;拌土、沙等撒施的农药:应先用少量稀释载体(细土、细沙、固体肥料等)将农药制剂均匀稀释成“母粉”,然后再稀释至所需要的用量。

(3)注意配药安全。配制农药应远离住宅区、牲畜栏和水源地;药剂要随配随用;开装后余下的农药应封闭在原包装中安全贮存;不能用瓶盖量取农药或用装饮用水的桶配药;不能用手或胳膊伸入药液、粉剂或颗粒剂中搅拌。

3)科学使用

(1)适期用药。根据病虫发生期及农药作用特点,在防治适期内使用。

(2)用足水量。一些农民朋友在使用农药时,为减少工作量,往往多加药少用水,用药不均匀,防效差,并且增强病菌、害虫的耐药性,超过安全浓度还会发生药害。

(3)选择性能良好的施药器械。应选择正规厂家生产的药械,定期更换磨损的喷头。

(4)注意轮换用药,抑制抗药性。

(5)添加高效助剂。如植物油助剂和有机硅助剂,可有效提高药效,减少化学农药用量。

(6)严格遵守安全间隔期规定。农药安全间隔期是指最后一次施药到作物采收时的天数,即收获前禁止使用农药的天数。在实际生产中,最后一次喷药到作物(产品)收获的时间应比农药标签上规定的安全间隔期长。为保证农产品中的农药残留不超标,在安全间隔期内不能采收。

4)安全防护

(1)施药人员应身体健康,经过培训,具备一定的植保知识。年老体弱人员、儿童及孕期或哺乳期妇女不能施药。

(2)施药前检查施药器械是否完好,施药时喷雾器中的药液不要装得太满。

(3)要穿戴防护用品。如手套、口罩、防护服等,防止农药进入眼睛、接触皮肤或被吸入体内。

(4)要注意施药时的安全。下雨、大风、高温天气时不要施药,高温季节17:00后温度下降时施药,以免影响效果和安全;要始终处于上风位置施药,不要逆风施药;施药期间严禁进食、饮水、吸烟;不要用嘴去吹堵塞的喷头。

(5)要掌握中毒急救知识。如农药溅至眼睛内或皮肤上,应及时用大量清水冲洗;如出现头痛、恶心、呕吐等中毒症状,应立即停止作业,脱掉污染衣服,携农药标签到最近的医院就诊。

(6)要正确清洗施药器械。施药器械每次用后要洗净,不要在河流、小溪、井边冲洗,以免污染水源。

(7)要妥善处理农药包装废弃物。农药废弃包装物严禁作为他用,不能乱丢,要集中存放,妥善处理,要主动将农药包装废弃物交回农药销售者或固定收集点,以减轻农药包装废弃物对农田生态环境的影响。

5)安全贮存

(1)尽量减少贮存量和贮存时间。

(2)贮存在安全、合适的场所,要按农药类别分区存放。农药不要与食品、粮食、饲料靠近或混放,不要和种子一起存放。

(3)贮存的农药包装上应有完整、牢固、清晰的标签。

3.药剂配制查询表

见表5-1。

表5-1 药剂配制查询表

亩用药量(毫升或克)		对水量					
		15千克	30千克	40千克	45千克	50千克	500千克
稀释倍数	100倍	150.0	300.0	400.0	450.0	500.0	5 000.0
	200倍	75.0	150.0	200.0	225.0	250.0	2 500.0
	300倍	50.0	100.0	133.3	150.0	166.7	1 666.7
	400倍	37.5	75.0	100.0	112.5	125.0	1 250.0
	500倍	30.0	60.0	80.0	90.0	100.0	1 000.0
	600倍	25.0	50.0	66.7	75.0	83.3	833.3
	700倍	21.4	42.9	57.1	64.3	71.4	714.3
	800倍	18.8	37.5	50.0	56.3	62.5	625.0
	900倍	16.7	33.3	44.4	50.0	55.6	555.6
	1 000倍	15.0	30.0	40.0	45.0	50.0	500.0
	1 500倍	10.0	20.0	26.7	30.0	33.3	333.3
	2 000倍	7.5	15.0	20.0	22.5	25.0	250.0
	2 500倍	6.0	12.0	16.0	18.0	20.0	200.0
	3 000倍	5.0	10.0	13.3	15.0	16.7	166.7
	4 000倍	3.8	7.5	10.0	11.3	12.5	125.0
	5 000倍	3.0	6.0	8.0	10.0	11.1	111.1

例:药剂稀释3 000倍,要对水30千克,所需药剂量就是10毫升或10克;15千克水加了6毫升的药剂,它的稀释倍数就是2 500倍。

参 考 文 献

[1] 程须珍.中国食用豆类品种志:第二辑[M].北京：科学出版社,2023.

[2] 程须珍.绿豆生产技术[M].北京：北京教育出版社,2016.

[3] 宗绪晓.豌豆生产技术[M].北京：北京教育出版社,2016.

[4] 包世英.蚕豆生产技术[M].北京：北京教育出版社,2016.

[5] 袁星星.食用豆优质高效绿色生产技术[M].南京：江苏凤凰科学技术出版社,2020.

[6] 朱振东,段灿星.绿豆病虫害鉴定与防治手册[M].北京：中国农业科学技术出版社,2012.

[7] 王晓鸣,朱振东,段灿星.蚕豆豌豆病虫害鉴别与控制技术[M].北京：中国农业科学技术出版社,2007.

[8] 陈红霖,田静,朱振东,等.中国食用豆产业和种业发展现状与未来展望[J].中国农业科学,2021,54(3):493-503.